U0904921

# 水利工程项目管理与质量监督

宋玉芬　胡　琴　张静宇　著

中国商业出版社

图书在版编目（CIP）数据

水利工程项目管理与质量监督 / 宋玉芬，胡琴，张静宇著．-- 北京：中国商业出版社，2023.12
ISBN 978-7-5208-2825-3

Ⅰ．①水… Ⅱ．①宋… ②胡… ③张… Ⅲ．①水利工程管理—项目管理②水利工程—工程质量—质量管理 Ⅳ．① TV51

中国国家版本馆 CIP 数据核字 (2023) 第 246975 号

责任编辑：袁娜

中国商业出版社出版发行
（www.zgsycb.com　100053　北京广安门内报国寺 1 号）
总编室：010-63180647　编辑室：010-83128926
发行部：010-83120835/8286
新华书店经销
天津和萱印刷有限公司印刷
*
710 毫米 ×1000 毫米　16 开　13.75 印张　210 千字
2023 年 12 月第 1 版　2023 年 12 月第 1 次印刷
定价：78.00 元
****
（如有印装质量问题可更换）

# /前　言/

随着社会发展和人口的增长，水利事业变得越来越重要。这些年来，我国对水利工程的基本设施建设不断加大投入，水利工程进入了空前的发展阶段。但是，水利工程项目的建设是一个庞大复杂的系统工程，水利工程质量管理和控制贯穿于整个施工过程中。在水利工程施工时，要先观察施工地点的地形地貌、地质条件、水文状况及环境气候等，这些条件都是影响水利工程施工的重要因素，对其建设质量有着重要作用。

同时，我们不仅应在工程的规划、设计、施工、运行及管理的各个环节中注意保护生态环境，还应采取科技、经济、法律等措施，建立施工环境保护管理体系，明确业主、监理和施工单位的各自职责，制订工程施工期环境保护计划，尽量减轻施工对原有生态环境的破坏，使水利工程建设与资源环境的良性循环和社会、经济的可持续发展相协调。

本书是水利工程方面的书籍，主要研究了水利工程项目管理与质量监督。首先，本书简要介绍了水利水电工程项目管理的模式、水利水电工程建设的施工技术、水利水电的运行管理、水利水电维修养护以及水利水电工程的施工质量控制等内容。其次，系统地阐述了水利水电工程项目管理，对水利水电工程中的合同管理、设计管理、信息管理、安全管理、成本管理、进度管理等方面作出了详细的解读，以期进一步完善水利工程项目管理工作。最后，对水库大坝的管理、维修养护、水库调度、水库大坝加固进行了论述，探究了湖泊水库水环境修复、水库水情自动测报、水库大坝边坡安全监测技术等内容。

为了满足从事水利水电工程项目管理与质量监督工作人员的实际需求，我们翻阅大量水利水电工程项目管理与质量监督的相关文献，并结合自己多年的实践经验编写了此书。

由于编写时间和水平有限，尽管编者尽心尽力，反复推敲核实，但难免有疏漏及不妥之处，恳请广大读者批评指正，以便做进一步的修改和完善。

本书由宋玉芬（汝州市小型水库管理中心）、胡琴（泗水县水务局）、张静宇（唐山市陡河水库事务中心）公共撰写，同时感谢张园园（山西小浪底引黄水务集团有限公司）、张劲松（景谷傣族彝族自治县水利工程建设服务中心）、于立霞（驻马店市板桥水库运行中心）、杨梅（黔东南州水利工程监测与养护中心）、汪敏（安徽九华水安集团有限公司）、杨洪宁（辽宁省河库管理服务中心）、叶建荣（宁波天河建设工程有限公司）为本书撰写提供的帮助。

# /目　录/

# 第一章　水利水电工程项目建设与实践

## 第一节　水利水电工程项目管理模式

### 一、水利水电工程项目管理的主导模式

（一）我国常用的工程项目管理模式

自我国加入 WTO 后，建筑业的竞争从国内单位的竞争转变为国际市场的竞争。为了能够尽快融入国际市场，我国政府积极调整和修改了相关政策法规，采用了国际惯用的职业注册制度。在积极改革应对国际竞争，与国际接轨的同时，还将国外一些先进的应用广泛的工程项目管理模式引进了国内。目前，在我国普遍应用的有监理制、代建制和项目总承包（Engineering Procurement Construction，EPC）3 种工程项目管理模式。

1. 工程建设监理模式

建设监理在国外通称为“项目咨询”，其是站在投资业主的立场上，采用建设工程项目管理的方式对建设工程项目进行综合管理以实现投资者的目标。目前，我国广泛应用传统模式 [ 设计—招标—建造（Design-Bid-Build，DBB）] 下、项目管理（Project Management，PM）模式下及设计—建造（Design-Build，DB）模式下的工程监理。

工程建设监理制的真正起源是国外的传统模式（DBB），工程建设监理制是指由项目业主委托监理单位对工程项目进行管理，业主可以根据工程项目的具体情况决定监理工程师的介入时间和介入范围。现阶段，我国的工程建设监理主要是对施工阶段的监督管理。

2. 代建制模式

代建制是中国政府投资非经营性项目委托机构进行管理的制度的特定称谓，在国际上并没有这种说法。我国的代建制管理模式最初是由个别地方政府进行试点试运行，后来才逐步扩展到全国各地，这期间经历了由点到面、由下到上的过程。

迄今为止，关于代建制标准的定义在学术界和政府机构的规章汇总并没有得到

明确。这里综合各方见解认为，所谓代建制，是针对政府投资的非经营性项目进行公开竞标，选择专业化的项目管理单位作为代建人，负责投资项目建设和施工组织工作，待项目竣工验收后交付给使用单位的工程项目管理模式。

政府投资项目的代建制一般包括政府业主、代建单位和承包商三方主体。一般而言，三者之间的关系形式如下。

① 业主分别与其他两方以及设计单位签订相应的合同，业主对设计和施工直接负责，代建单位仅向业主提供管理服务，这种形式类似国外的 PM 模式。

② 业主与代建单位签订代建合同，代建单位再分别与设计单位、施工单位签订合同，代建单位向业主提供包括管理服务、全部设计工作以及部分施工任务在内的相关工作，这种形式类似于 PMC 模式。

③ 业主与代建单位之间的代建合同范围广泛，包含从项目设计到施工的全部内容。

### （二）平行发包模式

改革的过程不断进行，我国水利水电工程项目管理逐渐形成了一种平行发包模式，它是在项目法人责任制、招标投标制和建设监理制框架下建立的一种项目管理模式，成为现今水利水电工程项目管理的主导模式。

项目法人责任制首先规范了项目业主的建设行为，其次明确了工程项目的产权以及项目建设的经济及法律职责范围内的责任与义务。招标投标制推动了建筑企业由行政指令方式的承包向市场选择方式的承包转变，建设监理制的推行使得监理单位更有效地对招标承包和合同进行管理，而项目业主又通过合同管理来实现自身对工程项目建设的设想。与此同时，承包单位与业主之间订立的具有法律约束力的经济合同关系，割断了其与上级行政主管部门的联系。

平行发包模式是指项目业主将工程建设项目进行分解，按照内容分别发包给不同的单位，并与其签订经济合同，通过合同来约定合同双方的责权利，从而实现工程建设目标的一种项目管理模式，各个参与方相互之间的关系是平行的。

平行发包模式的基本特点是在政府有关部门的监督管理之下，项目业主合理地对工程建设任务进行分解，然后进行分类综合，确定每个合同的发包内容，从而选择适当的承包商。各承包商向项目业主提供服务，监理单位协助或者受到项目业主的委托，管理和监督工程建设项目。

与传统模式下的阶段法不同的是，平行发包模式借鉴传统模式下细致管理和建设管理（Construction Management，CM）模式的快速轨道法，在未完成施工图设计的情况下即进行施工承包商的招标，采用有条件的“边设计、边施工”的方法进行工程建设。

## 二、我国水利水电工程项目管理模式的选择

### （一）工程项目管理模式选择的影响因素

在选择工程项目管理模式时，必须考虑3个要素，即工程的特点、业主的要求及建筑市场的总体情况。

1. 工程的特点

在选择工程项目管理模式之初考虑的最主要问题就是工程的特点，其包括工程项目规模、设计深度、工期要求、工程其他的特性等因素。

工程项目规模是工程项目管理模式需要考虑的主要因素之一。对于规模较小的工程，如住宅建筑、单层工业厂房等通用性比较强的一般民建工程，各种模式都可以采用，因为其不但工程结构比较简单，而且比较容易确定设计、施工工作量和工程投资，常用施工总包模式、设计施工总包模式、项目总承包模式。对于工程规模较大的工程，项目管理模式的选择则要在综合分析现有情况的条件下作出。例如，如果具有总承包资质的施工单位很少，不一定能满足招标要求，为防止因投标者过少而导致招标失败，业主可选择分项发包模式；如果业主没有经验，而所从事的工程项目又需要承包商具有专业的技术和经验或者是高新技术项目工程，则可以采用设计施工总承包模式、项目总承包模式或代理型CM模式。

设计深度也是选择工程项目管理模式需要考虑的主要因素之一。如果对于工程的招标需要在初步设计刚完成后就开始，但业主面临的情况是整个工程施工详图没有完成，甚至没有开始，并不具备施工总包的条件，此时适宜的项目管理模式可以是分项发包模式、详细设计施工总包模式、咨询代理设计施工总包模式、CM模式。如果设计图纸比较完备，能较为准确地估算工程量，可采用施工总包模式；某些工程在可行性研究完成后就进行招标，可采用传统的设计施工总承包模式。

工期要求也是选择工程项目管理模式需要考虑的主要因素之一。大多数工程都对工期有着严格的要求，若工期较短，时间紧促，则可以选择分项发包模式、设计施工总承包模式、项目总承包模式和CM模式，而不能采用施工总包模式。

此外，工程的复杂程度、业主的管理能力、资金结构以及产权关系等因素对项目管理模式的选择也有一定的影响，必须将以上各种因素综合起来考虑，选择适合的工程项目管理模式，最大限度、最便捷地达到目标。

2. 业主的要求

工程特点所含的因素中，部分包含业主的要求。这里所指的主要是业主的其他

要求，包括自身的偏好、需要达到的投资控制、参与管理的程度、愿意承担的风险大小等。举个例子来说，如果业主具备一定的管理能力，想亲自参与项目管理，控制投资，可以采用分项发包模式。如果业主既希望节约投资又不希望自己太累，就可以采用 CM 模式，降低自身的工作量。

如果业主时间精力有限，不愿过多地参与项目建设过程，可以优先考虑设计施工总承包模式和项目总承包模式。在这两种模式中，工程项目开展的全部工作交由总承包商承担，业主只负责宏观层面的管理。然而，在这两种模式中，业主要想有效控制项目的质量有一定的难度。因此，这就需要业主采取其他的管理模式来解决项目控制方面的难题。对一些常用的项目管理模式，按业主参与程度由大到小的排列顺序为分项发包模式、施工总承包模式、CM 模式、设计施工总承包模式、项目总承包模式。

如果业主希望控制工程投资，需要掌控设计阶段的相关决策工作，在此情况下适宜采用分项发包模式、CM 模式或施工总承包模式；若采用设计施工总承包模式和项目总承包模式，则业主对设计控制的难度较大。但在施工总承包模式下，由于设计与施工相互脱节，易产生较多的设计变更，不利于项目的设计优化，容易导致较多的合同争议和变更索赔。

随着工程项目的规模越来越大、技术越来越复杂，工程项目所承担的风险也越来越大。业主在工程管理模式的选取时，应将此作为一个重要的考虑因素。常见项目管理模式按业主承担的管理风险由大到小排序为分项发包模式、非代理型 CM 模式、代理型 CM 模式、施工总承包模式、设计施工总承包模式、项目总承包模式。

3. 建筑市场的总体情况

项目管理模式的选择也需要考虑建筑市场的总体情况，因为业主期望开展的相关工程项目在建筑市场上不一定能够找到具有相应承包能力的承包商。例如，像三峡大坝建设这么大的工程，不可能把所有施工工作全部承包给一个建设单位，因为放眼全国还没有一家建设单位有能力完成此项目。常见项目管理模式按照对承包商的能力要求从高到低的排序为项目总承包模式、设计施工总包模式、代理型 CM 模式、施工总包模式、非代理型 CM 模式、分项发包模式。

### （二）不同规模水利水电工程项目的模式选择

水电站及其他水利水电工程受工程所处位置的地形、地质和水文气象条件影响，会产生很大的差异，水电站在规模上的差异导致各方面的差异也很大。与中小型水利水电工程相比，大型水利水电工程的工程投资更大、影响更深远、风险更高，需要应用更为谨慎、严格、规范的工程管理方式，其采用的工程项目管理模式应与中、小型水利水电项目不尽相同。在大型、特大型水利水电项目开发建设中，应该基于现行主导模式，结合投资主体结构的变化和工程实际，对工程项目的建设管理模式开展大胆的创新和实践，真正创造出既能够与国际管理相接轨，又能够适应我国水电项目建设情况的项目管理模式。我国的中、小水利水电项目投资正逐步向以企业投资和民间投资为主转变，故中小水利水电项目管理模式的选择与民间投资水电项目管理模式的创新就极为相似，大体上可以采用相同的项目管理模式，具体包括哪些将在下文进行论述。

### （三）不同投资主体的水利水电工程的模式选择

我国水利水电工程的投资主体大致可分为两种：第一种是以国有投资为主体的水利水电开发企业；第二种是以民间投资参股或控股为特征的混合所有制水利水电开发企业。相对于传统的水电投资企业来说，新型水利水电开发企业以现代公司制为特征，具有比较规范和完善的公司治理结构。目前，大型国有企业的业务主要集中在大中型水利水电项目的开发上，而民间或混合所有制企业的业务主要集中在开发中小型水利水电项目上。由于具有不同的特点、行为方式和业务范围，这两类投资主体在项目管理模式的选择上不尽相同。

第一类投资主体应在现有主导模式的基础上，逐步将投资和建设相分离。在专业知识和管理能力达到相当水平的条件下，业主可以组建自己的专业化建设管理公司；当业主自身不能完成工程项目管理任务时，可采用招标或其他方式选择适于承担该工程项目的管理公司。在国际上出现了将设计和施工加以联合的趋势，在开展一些大型或技术要求复杂、投资量巨大的工程项目时，可以将设计和施工单位组成联合体，开展工程总承包，或者对其中的分部分项工程、专业工程开展工程总承包。一些大型企业在经过一段时间的发展壮大后，可以组建相应的具有设计、施工和监理等综合能力的大型公司开展整个工程项目的总承包。

对于民间投资参股或控股的投资主体而言，要想求得更好更快的发展，就必须充分吸收国外项目管理模式的先进经验，并通过自主创新，建立一套适合在我国推广和应用且具有中国特色的水利水电项目管理模式。当这类投资主体具有充足的水电开发专业人才和管理人才，以及相应的技术储备时，可自行组建建设管理机构，充分利用社会现有资源，采用现行主导模式——平行发包模式进行工程项目的开发建设。当项目业主难以组建专业的工程建设管理机构，不能全面有效地对工程项目建设全过程进行控制管理时，可以采取“小业主、大咨询”方式，采用 EPC、PM、CM 模式等完成项目的开发任务。

## 第二节　水利水电工程建设实务

### 一、施工导流与截流

（一）水利水电工程施工导流技术

1. 水利工程施工导流技术及其特点

所谓施工导流，就是在对水利工程进行施工的过程中，为了能够使江河水流绕过需要施工的区域流向下游而采用的一种导向水流的技术。这种方法有利于为建筑施工提供一个相对干燥的环境，使其能够快速而有效地进行施工。施工导流技术就是为了控制及引导水流而采取的技术方式，一般包括导流建筑物修建、截流、基坑排水、工程施工、导流建筑物封堵、下闸蓄水等。施工导流技术是水利工程施工中的重要组成部分，它与工程设计方案、施工时段以及施工质量等有着密切关系。在工程施工过程中，必须根据工程实际情况以及项目特点来进行施工导流设计，从而保证水利工程施工的质量。

2. 水利水电工程施工导流方式及确定原则

（1）施工导流方式

水利水电工程施工导流通常划分为束窄河床分段分期围堰导流和一次拦断河床的全段围堰导流两种方式，与之配合的施工临时建筑包括导流明渠、隧洞、涵洞（管）以及施工过程中利用坝体预留缺口、水库放空底孔和不同泄水建筑物的组合导流等。

（2）施工导流方式的选择原则

① 适应河流水文特性和地形、地质条件。

② 工程施工期短，发挥工程效益快。

③ 工程施工安全、灵活、方便。

④ 结合、利用永久建筑物，减少导流工程量和投资。

⑤ 适应通航、排冰、供水等要求。

⑥ 技术可行，经济合理。

⑦ 河道截流、围堰挡水、坝体度汛、导流孔洞封堵、水库蓄水和发电供水等在施工期各个环节能合理衔接。

3. 水利水电工程施工导流的影响因素

（1）地形地貌因素

在选取导流计划时，编制导流方案时，被保护的施工区域附近的地理环境、工程地质条件是关键的影响要素。假如江河河床较宽，并且建筑时间有船只需要航行，就要采用分段围堰方式实施导流，可以充分利用河床沙洲或石岛做好分段围堰布置，形成竖直方向围堰则更加便利。当遇到山石坚硬、河床较窄同时两侧陡峻的山形时，就适合采用一次拦断河床的隧洞导流方式。假如江河一侧岸边或两边都较平整或具备低矮山凹垭口等，则可以选择明渠导流方式。

(2) 水文因素

河流的水文特性，在很大程度上影响着导流方式的选择。针对导流计划来讲，水文要素是对其形成直接作用的最关键要素之一，包含严寒季节冰冻和流冰状态、泥沙、洪汛阶段、枯水期时间长短、水位改变幅度和流量过程线等。一般状况下，假如河流河床较宽，适宜选择的导流计划是分段围堰方式；水位起伏较大、洪峰历时短而峰形尖瘦的河流也可能使用汛期基坑淹没方式。这两类方式都可以使河流的洪峰期水流及时排放。含沙量很大的河流，一般不允许淹没基坑。如果江河的干涸时间较长，就应该尽可能使用干涸时间进行施工，以确保工程建筑物施工质量及进度。假如江河具有流冰情况，就要重视对流冰排放情况的处置，选择明流、导流为好，束窄河床和明渠有利于排冰，隧洞、涵管和底孔不利于排冰，重点在于防止流冰阻塞、泄流不畅。

(3) 枢纽类型及布置

水利水电工程项目中水工构筑物的布置及其型式与导流计划拟订直接相关，在决定建筑结构型式及工程布置方案时，就要把导流方式及相应计划安排一并考虑进去，包含水工构筑物的长期泄水设施，渠道、隧洞、涵管及泄水孔等。如混凝土大坝是使用分段围堰方式开展进行浇筑，就要把先行施工的坝段、取泄水设施或水电站等之间的隔离墙体当作竖直方向围堰中的组成结构，从而能够减少施工导流方案投资。

分期导流方式适用于混凝土坝施工，因土石坝不宜分段修建，且坝体一般不允许过水，故土石坝施工几乎不采用分期导流，而多采用一次拦断法。高水头水利枢纽的后期导流常需多种导流方式的组合，导流程序比较复杂。例如，峡谷处的混凝土坝，前期导流可用隧洞，但后期（完建期）导流往往利用布置在坝体不同高程上的泄水孔。高水头土石坝的前后期导流，一般是在两岸不同高程上布置多层导流隧洞。如果枢纽中有永久性泄水建筑物，如隧洞、涵管、底孔、引水渠、泄水闸等，应尽量加以利用。

(4) 河流综合利用要求

分期导流和明渠导流较易满足通航、过木、排冰、过鱼、供水等要求。采用分期导流方式时，为了满足通航要求，有些河流分为多期束窄。我国某些峡谷地区的工程，原设计为隧洞导流，但为了满足过木要求，从而用明渠导流取代了隧洞导流。这样一来，不仅可能遇到高边坡深挖方问题，而且导流程序复杂，工期也大大延长了。由此可见，在选择导流方式时，必须解决好河流综合利用要求的问题。

4. 主要施工导流建筑物的适用条件

(1) 导流明渠

导流明渠是在河岸或滩地上开挖渠道，在基坑上下游修筑围堰，江河水流经渠道下泄，适用于岸坡平缓或有宽广滩地的平原河道。如果当地河流附近有老河道，也可充分利用老河道进行明渠导流，不仅可以减少施工作业量，也降低了工程成本。

导流明渠的布置主要包括明渠进出口位置、导流明渠轴线的布置和高程确定。渠身轴线要伸出上下游围堰外坡脚，水平距离要满足防冲要求，一般为 50 ~ 100 m；导流明渠在导流明渠轴线的布置中应在较宽台地、垭口或古河道的沿岸布置；明渠轴线布置应当尽可能缩短明渠长度，同时也要尽量避免深挖；明渠进出口应与上下游水流相衔接，与河道主流的交角以不超过 30° 为宜；明渠的转弯半径为保证水流畅通，应不小于 5 倍渠底宽度。

(2) 导流围堰

应该根据被保护对象型式、泄水建筑物的具体情况、导流时段及河道水流流态、河谷地形及地质条件等，确定围堰的布置方案、围堰型式等。如根据围堰是否允许过水，则围堰可采用过水围堰或不过水围堰；如河床和河槽较窄，河流水量相对较大，则可采用一次拦断河床的横向围堰布置方式，相应泄水建筑物可以采用明渠、隧洞、涵洞 (管)；如河床和河槽宽、岸坡平坦，工期较长，则可采用束窄河床分段导流的纵横向围堰布置方式，可以充分利用已施工的水工建筑物结合围堰将河流拦截成多段，逐段分期实施，最终完成整个工程。

当采用分期围堰导流方式时，一期围堰位置应在分析水工枢纽布置、纵向围堰所处地形、地质和水力学条件、施工场地及进入基坑的交通道路等因素后确定，发电、通航、排冰、排沙及后期导流用的永久建筑物宜在第一期施工。

(3) 导流隧洞

山区河流，一般两岸地形陡峻、河床狭窄、山岩坚实，较为普遍的是采用隧洞导流。但由于隧洞造价较高，泄水能力有限，一般在汛期泄水时均采用淹没基坑方案或利用水工建筑物的预留缺口、放空底孔过流等。导流隧洞设计时，应尽量与永久隧洞相结合，以节省工程投资。当导流隧洞的使用经过不同导流分期时，应根据控制阶段的洪水标准进行设计。导流隧洞断面尺寸和数量视河流水文特性、岩石完整情况及围堰运行条件等因素确定。

(4) 导流涵洞 (管)

涵洞 (管) 是指在水利工程引水系统通过已建工程设施，为了避免对已建工程的影响，兼顾保护已建工程和在建工程施工的一种设施。具体到水利水电工程中的导流涵洞 (管)，通常会在分期导流中采用该种导流方式，适用于中小型水利水电工程建设。从地形地质条件方面来说，涵洞 (管) 导流施工工作面相对隧洞导流较宽，对工程地质条件要求不高，且具有施工灵活、速度较快、成本较低等优点，因而在施工导流方式选择上采用频率较高。

### (二) 水利水电工程截流技术

截流工程是指在泄水建筑物接近完工时，即以进占方式自两岸或一岸建筑戗堤 (作为围堰的一部分) 形成龙口，并将龙口防护起来，待曳水建筑物完工以后，在有利时机，以最短时间将龙口堵住，截断河流。下面就截流施工技术展开论述。

1. 截流的方式

从目前的施工技术情况看，截流的基本方式有两种，即立堵法和平堵法。

(1) 立堵法

所谓立堵法截流，就是把截流材料从龙口一端或两端向中间抛投进占，达到逐渐束窄河床，最终全部拦断的目的。

一般而言，立堵法截流无须架设浮桥，具有准备工作比较简单、造价较低的特点。但其缺点是其在截流时，水力条件是不利的，龙口单宽流量很大，出现的流速也比较大，而且水流绕截流戗堤端部，也会产生强烈的立轴漩涡，这就会在水流分离线附近形成紊流，其结果是河床被冲刷。同时，由于其流速分布不均匀，需要抛投单个质量较大的截流材料。截流因为工作前线狭窄，其抛投强度会受到很大的限制。

立堵法截流主要是适用于大流量、岩基或覆盖层较薄的岩基河床，如果遇到软基河床，就需要根据实际情况采用护底措施后才能使用。

(2) 平堵法

平堵法截流就是沿整个龙口宽度全线抛投，抛投料堆筑体全面上升，直到露出水面。一般而言，这种方法的龙口是部分河宽，也可能是全河宽。所以，合龙前应该在龙口架设浮桥，因为其是沿龙口全宽均匀地抛投，具有单宽流量较小，出现的流速也较小，需要的单个材料的重量也较轻，抛投强度较大，施工速度快的优点，但缺点是碍于通航。这种方法在软基河床，河流架桥方便且对通航影响不大的河流上使用比较合适。

(3) 综合方式

① 立平堵。为了降低架桥的费用，同时充分发挥平堵水力学条件较好的优点，

部分工程采用先立堵，后在栈桥上平堵的方式。比如，多瑙河上的铁门工程，其也是对各种方案进行比较之后，最后采取立平堵方式的，其主要是立堵进占结合管柱栈桥平堵。立堵段首先进占，完成长度 149.5 m，平堵段龙口 100 m，最后由栈桥上抛投完成截流，其落差可达 3.72 m。

② 平立堵。如果是软基河床，采用单纯立堵会很容易造成河床冲刷，一般来说，会先采用平抛护底，再立堵合龙，而平抛一般是利用驳船进行。比如，丹江口、青铜峡、大化及葛洲坝等工程，一般都是采用这种方法，而且都取得了较为满意的效果。因为其护底均为局部性，所以这类工程本质上同属立堵法截流。

2. 截流施工的设计流量

(1) 截流时间的确定

枢纽工程施工控制性进度计划或总进度计划，是截流时间的确定因素。至于时段选择，通常需要考虑以下原则，在进行全面分析比较后再确定。

① 尽量在流量较小时截流，但需要注意的是必须全面考虑河道水文特性和截流应完成的各项控制工程量，充分合理地使用枯水期。

② 对于具有灌溉、供水、通航、过木等特殊要求的河道，必须全面兼顾这些要求，尽可能地减少截流对河道综合利用的影响。

③ 有冰冻的河流，通常不在流冰期截流，这样才能避免截流和闭气工作复杂化。当然，如果有特殊情况需要在流冰期截流时，就需要成立相关的技术小组进行充分论证，同时还需要有周密的安全措施。

根据以上论述，截流时间必须按照气候条件、河流水文特征、围堰施工及通航、过木等因素综合分析确定。一般情况是在枯水期初进行，在流量已有显著下降的时候，严寒地区应该尽可能地避开河道流冰及封冻期。

(2) 设计水流和流量确定

设计截流量是指一定的截流时间通过该断面的水流总量，需要根据施工现场的水文环境和设计流程等特点确定。正常情况下，可以根据水文气象预测校正方法重现年或月确定的设计流量，一般可按 5 ~ 10 年、一个月或年平均流量的截流期作为依据，也可以用其他分析方法确定。一般的设计流程由频率方法确定，根据已选定的封闭期，由时间频率确定设计流程。按照规定，除了频率方法选定截流设计标准，还有其他方法确定。如测量数据分析法，对水文资料系列较长，水文特性比较稳定，可以用于该方法。对于预测期短，一般不会最初应用，但据预测流动特性设计可能在前夕关闭。在一些重大的施工截流设计，一般会选择一个流程，然后分析较大和较小流程发生频率，研究闭包计算和几个流模型试验。

(3) 龙口位置与宽度

龙口设在截流戗堤的轴线上，戗堤轴线是依据对两岸与河床的地形、地质、水运状况等各方面因素与对相关数据的分析，再综合各方面的考虑之后而得出。戗堤轴线一经确定，则表示龙口位置也就决定了。在通常情况下，龙口位置建设应较为宽阔，以便大量施工材料能够储存其中，同时还能够方便众多来往车辆的运输，继而满足交通的便利需求。在选择地质的时候，应满足覆盖层较薄的龙口位置需求，且具备天然保护设施，从而进一步降低水流对其的冲击，使其使用寿命得以提高。就水利条件方面而言，应将龙口设在正对主流的位置，以便大量洪水泄流，促使工程安全性能全面提高。在对龙口的宽度进行确定的时候，要充分考虑戗堤束窄河床后所形成的水力条件、两侧裹头部位的冲刷影响以及截流期通航河流在安全上的具体要求。

3. 水利工程控制截流施工难度

(1) 加大分流量，改善分流条件

确定合理导流结构截面尺寸，以断面标高形式；注意下游引航道开挖爆破和下游围堰结构是提高截流的关键环节。工程实践证明，由于水下开挖困难，往往造成上游和下游引航道规模不够，或回水影响剩余围堰，截流落差大大增加，使工作遇到许多困难。在永久溢洪道尺寸不足时，可以专门修建河闸或其他类型的泄洪分流建筑物。待门挡水闸完全关闭后，完成截流工作。

(2) 转变龙口水力条件

在截流施工过程中，水文落差在 3.0m 以内，一般不会出现较大现象；当落差达 4.0m 以上时用单戗堤截流，一般都是因为流量比较少才完成的。载流量比较大的时候，采用单戗堤截流的困难大大增加，这个时候多数工程会采用双戗堤、三戗堤或宽戗堤来分散落差，并以此来完成截流任务。

(3) 增大投抛料的稳定性，减少块料流失

这种情况一般采用葡萄串石、大型构架和异型人式投抛体。也可以采用投抛钢构架、比重大的矿石等，并以这些为骨料进行稳定，还可以在龙口下游，平行于戗堤轴线设置一排拦石坎防止块料的流失，以达到抛料的稳定。

4. 截流施工中材料的使用

在具体的施工过程中，如果截流水文条件相对较差，可以采用钢筋混凝土四面体构造，这种构造很容易产生良好的施工效果。抛石材料的选择一般应具有以下特征：首先，铸造材料要有一定的能力，比较容易起重运输建设；其次，应根据运输条件选择抛填截留量，对可能发生的损失和其他水文情况、地质等因素，相应增加一定的抛投量。

## 二、土石坝施工

### （一）土石坝的概述

土石坝主要就是指利用当地的涂料和石料，或者是混合料在经过相应的碾压处理之后所建设成的具有挡水和截水作用的大坝。如果采用的施工材料是土和砂砾，人们就将这种大坝称作“土坝”；如果所选用的材料是石渣或者是乱石，人们就将这种坝体称为“石坝”。如果按照坝高对这种大坝进行分类，通常可以将其分成高坝、中坝和低坝3种。土石坝的施工方式也有很多种，但最常使用的就是碾压式土石坝。土石坝在水利工程的建设中之所以能够得以广泛的应用，是因为其优点非常显著。在施工的过程中，其对施工地点的地质要求并不是很高，而且这种大坝的结构也相对比较简单，在施工技术的采用上也不需要使用很先进的技术，施工的速度也比较快，不需要担心会出现延期的情况。

### （二）主石坝的施工技术

1. 料场规划

料场的规划和使用不仅关系到土石坝的建造工期和质量，而且可能对周围的农林产业造成影响，因此是土石坝施工中需要格外注意的技术要点之一。必须通过充分的实地勘查对各种料场都有了很好的总体规划之后，才能作出开采计划。使各种用料都能够有规划地得到开采和利用，使坝体施工得到充足供应。

另外，所选用料的质量必须满足坝体的使用要求，应该充分考虑用料的含水量等因素。比如，含水量高的材料在旱季用，而含水率低的材料则在雨季使用。尽可能选择储量集中而且丰富的、距离施工地点近的地方进行开采，这样就避免了开采所用机械的转移，降低了建筑用料开采和运输的成本。还应该考虑环保的因素，渣料应该尽量做到无污染，取料时应该尽量避免占用农田和山林。总而言之，取料时应该综合考虑多种因素，不断优化取料规划。若在施工过程中出现不合适的情况，则要实时进行合理调整，以取得最优的经济和安全效果。

2. 土石料的开采与加工

料场开采前的准备工作：划定料场范围、分期分区清理覆盖层、设置排水系统、修建施工道路、修建辅助设施。

（1）土料的开采

土料开采一般有立采和平采两种。立面开采方法适用于土层较厚，天然含水量接近填筑含水量，土料层次较多，各层土质差异较大的情况。平面开采方法适用于土层较薄，土料层次少且相对均质、天然含水量偏高需翻晒减水的情况。规划中应将料场划分成数区，进行流水作业。

(2) 土料加工

调整土料含水量，降低土料含水量的方法有挖装运卸中的自然蒸发、翻晒、掺料、烘烤等方法。提高土料含水量的方法有在料场加水、料堆加水，在开挖、装料、运输过程中加水，掺和超径料处理。一般掺和办法有以下 4 种。

① 水平互层铺料——立面 (斜面) 开采掺和法。

② 土料场水平单层铺放掺料——立面开采掺和法。

③ 在填筑面堆放掺和法。

④ 漏斗式输送机掺和法。

第 ①、第 ④ 种方法采用较多。

砾质土中超径石含量不多时，常用装耙的推土机先在料场中初步清除，然后在坝体填筑面上进行填筑平整时再作进一步清除。当超径石的含量较多时，可用料斗加设箅条筛 (格筛) 或其他简单筛分装置加以筛除，还可采用从高坡下料，造成粗细分离的方法清除粗粒径。粗粒径较大的过渡料宜直接采用控制爆破技术开采，对于较细的、质量要求高的反滤料，垫层料则可用破碎、筛分、掺和工艺加工。

(3) 砂砾石料和堆石料开采

砂砾石料开采主要有陆上开采，一般挖运设备即可；水下开采主要采用采砂船和索铲开采。当水下开采砂砾石料含水量高时，需加以堆放排水。此外，还有块石料开采，也即结合建筑物开挖或由石料场开采，开采的布置要形成多工作面流水作业方式。开采方法一般采用深孔梯段爆破，特定目的使用洞室爆破。

(4) 超径处理

超径块石料的处理方法主要有浅孔爆破法和机械破碎法两种。浅孔爆破法是指采用手持式风动凿岩机对超径石进行钻孔爆破，机械破碎法是指采用风动和振冲破石、锤破碎超径块石，也可利用吊车起吊重锤，利用重锤自由下落破碎超径块石。

3. 土石料开挖运输方案

坝料的开挖与运输，是保证上坝强度的重要环节之一。开挖运输方案主要根据坝体结构布置特点、坝料性质、填筑强度、料场特性、运距远近、可供选择的机械设备型号等多种因素，综合分析比较确定。土石坝施工设备的选型对坝的施工进度、施工质量及经济效益会产生重大影响。

(1) 设备选型的基本原则

① 所选机械的技术性能要能够适应工作的要求、施工对象的性质和施工场地特征，以此保证施工质量，充分发挥机械效率，从而满足整个施工过程的要求。

② 所选施工机械应技术先进、生产效率高、操作灵活、机动性好、安全可靠、结构简单、易于检修保养。

③ 类型比较单一，通用性好。

④ 工艺流程中各供需所用机械应“一条龙”配套，各类设备应能充分发挥效率，特别应注意充分发挥主导机械的效率。

⑤ 设备购置费和运行费用较低，易于获得零配件，便于维修、保养、管理和调度，经济效果好。对于关键的、数量少且不能替代的设备，应使用新购置的，以保证施工质量，避免在“一条龙”生产中卡壳影响进度。

(2) 土石坝施工中开挖运输方案

① 正向铲开挖，自卸汽车运输上坝正向铲开挖、装载，自卸汽车运输直接上坝，通常运距小于 10 km。自卸汽车可运各种坝料，运输能力高，设备通用，能直接铺料，机动灵活，转弯半径小，爬坡能力较强，管理方便，设备易于获得。在施工布置上，正向铲一般都采用立面开挖，汽车运输道路可布置成循环路线，装料时停在挖掘机一侧的同一平面上，即汽车鱼贯式地装料与行驶。

② 正向铲开挖、胶带机运输在国内外水利水电工程施工中，广泛采用了胶带机运输土、砂石料。胶带机的爬坡能力大，架设简易，运输费用较低，比自卸汽车可降低运输费用 1/3 ~ 1/2，运输能力也较高。胶带机合理运距小于 10 km，可直接从料场运输上坝，也可与自卸汽车配合，作长距离运输，如在坝前经漏斗由汽车转运上坝，与有轨机车配合，用胶带机转运上坝作短距离运输。

4. 将土石料压实

这一道工序在土石坝的施工中是关键的一步，对土石坝的自身稳定有维持作用的土料内部的主力以及防渗性能，都会随着土料的密实程度的增加而有所提高。

(1) 土料压实的特性

土料的自身性质、颗粒的组成以及级别特点还有含水量的大小，另外还有压实的功能等，这些方面都与土料压实的特性有一定的关系。根据土质的不同，土料的压实也有很大的差别，主要有黏性土和非黏性土两种。一般情况下，黏性土有较大的黏结力，摩擦力较小，压缩性比较大，然而它的透水性太小，排水相对比较困难，压缩的过程比较慢，要达到固结压实的效果比较困难。非黏性土与其是相反的，它的黏结力比较小，但摩擦力比较大，压缩性较小，可是其透水性较大，对排水比较有利，压缩的过程比较快，很快就可以完成压实。

压实的效果也会受到上料的粒径影响。粒径越小，其空隙就会越大，那么含有水分的矿物质就不容易扩散，压实就比较困难。因此，黏性土压实的干表观密度要比非黏性土的低，颗粒比较均匀的细砂要比颗粒不均匀的沙砾料所达到的密度低。

土料含水量的多少，也会影响压实的效果。

非黏性土料有较大的透水性，排水相对比较容易，压实的过程比较快，可以很快压实，没有最优含水量的问题存在，不用专门做含水量控制。这一点也是黏性土和非黏性土之间的根本差别。压实的功能大小，也会影响到压实的效果，压实的次数越多，其效果就会越好，含水量也就会越少。一般情况下，压实功能的增加可以使压实的效果增加，这种性质在含水量较低的土料上会有更明显的表现。

(2) 进行土石料压实要达到的标准

土石料的压实效果越好，其力学性能的指标也就越高，就越能够保证坝体填筑的质量。但如果土料的压实太过，就会导致压实的费用增加，还会破坏剪力。所以，在压实的过程中，要有一定的压实标准，使压实达到最理想的状态，压实的标准要根据坝料的不同性质来确定。

5. 填筑土石坝的坝体

对土石坝的填筑一定要组织严密，保证每一道工序都可以相互衔接，一般是采用分段流水的方式进行作业。分段流水作业是以施工的工序数目为依据，将坝体分成几段，组织专业的施工队伍，对每一段工程依次施工。这种方法对提高施工队伍的技术水平有很大的帮助，能够保证施工中的每一种资源都可以充分地利用，避免施工中的干扰，对坝面的连续施工比较有利。

(1) 卸料和平料

在这一方面，主要是使用自卸汽车进行卸料，然后再用推土机铺成所要求的厚度。在施工的过程中，铺筑防渗体涂料的方向要和坝轴线的方向平行，这样有利于碾压施工。

(2) 进行碾压施工的方法

在施工的过程中，要按照一定的次序对坝面进行填筑压实，以避免漏压或超压的情况出现。碾压防渗体土料的方向要和坝轴线的方向平行，不可以在和坝轴线相垂直的方向碾压，避免因局部漏压而造成横穿坝体出现集中渗流带。碾压的机械在行驶过的每一行之间，都要有 20 ~ 30 cm 的重叠，避免出现漏压。另外，在坝料的分区边界处，也比较容易出现漏压的情况。所以，在碾压的时候，要注意重叠碾压。若使用的碾压机械是羊角碾或气胎碾，则可以使用进退错距或者是转圈套压的方法进行碾压。

6. 结合部位施工

土石坝施工中，坝体的防渗土料不可避免地与地基、岸坡、周围其他建筑的边界相结合。由于施工导流、施工方法、分期、分段、分层填筑等的要求，还必须设置纵横向的接坡、接缝。这些结合部位会影响到整个坝体的整体性以及质量，因为接坡以及接缝如果过多的话，还会对整个坝体的填筑强度产生影响，尤其是影响到机械化的施工。对于坝体的结合部位的施工，一定要采取合理并且可靠的技术措施，同时还要加强对质量的控制和管理，一定要确保坝体的质量能够符合预先的设计要求。

7. 反滤层的施工

反滤层的填筑方法，大体可分为削坡体、挡板法及土、砂松坡接触平起法 3 类。土、砂松坡接触平起法能适应机械化施工，填筑强度高，可做到防渗体、反滤料与坝壳料平起填筑，均衡施工，被广泛采用。根据防渗体土料和反滤层填筑的次序，搭接形式的不同，可分为先土后砂法和先砂后土法。

无论是先砂后土法还是先土后砂法，土砂之间必然出现犬牙交错的现象。反滤料的设计厚度，不应将犬牙厚度计算在内，不允许过多削弱防渗体的有效断面，反滤料一般不应伸入心墙内，犬牙大小由各种材料的休止角所决定，且犬牙交错带不得大于其每层铺土厚度的 1.5 ~ 2 倍。

## 三、隧洞与水闸施工

### （一）水利水电工程隧洞施工要点

1. 开挖方式

隧洞开挖方式有全断面开挖法和导洞开挖法两种。开挖方式的选择主要取决于隧洞围岩的类别、断面尺寸、机械设备和施工技术水平。合理选择开挖方式，对加快施工进度、节约工程投资、保证施工质量和施工安全意义重大。

（1）全断面开挖法

全断面开挖法是将整个断面一次钻爆开挖成洞，待全洞贯通后或待掘进相当距离以后，根据围岩允许暴露的时间和具体施工安排再进行衬砌和支护，这种施工方法适用于围岩坚固完整的场合。全断面开挖，洞内工作面较大，工序作业干扰相对较小，施工组织工作比较容易安排，掘进速度快。全断面开挖可根据隧洞断面面积大小和设备能力采用垂直掌子掘进或台阶掌子掘进。垂直掌子掘进因开挖面直立，作业空间大，当具有大型施工机械设备时，作业效率高，施工进度快。台阶掌子掘进是将整个断面分为上下两层，上层超前于下层一定距离掘进，为了方便出渣，上层超前距离不宜超过 2 ~ 3.5 m，且上下层应同时爆破，通风散烟后，迅速清理上台阶并向下台阶扒渣，下台阶出渣的同时，上台阶可以进行钻孔作业。由于下台阶爆破是在两个临空面情况下进行的，可以节省炸药。当隧洞断面面积较大，但又缺乏钻孔台车等大型施工机械时，可以采用这种开挖方式。

(2) 导洞开挖法

导洞开挖法就是在开挖断面上先开挖一个小断面洞(导洞)作为先导，然后再扩大至设计要求的断面尺寸和形状。这种开挖方式，可以利用导洞探明地质情况，解决施工排水问题，导洞贯通后还有利于改善洞内通风条件，扩大断面时导洞可以起到增加临空面的作用，从而提高爆破效果。

根据导洞与扩大部分的开挖次序，有导洞专进和导洞并进两种方法。导洞专进法是将导洞全部贯通后，再进行扩大部分开挖，这样有利于通风和全面了解地质情况，但洞内施工设施一般要进行二次铺设，费工费时，除地质情况复杂外，一般不宜采用。导洞并进法是将导洞开挖一段距离(一般为 10 ~ 15 m)后，导洞与断面扩大同时并进。导洞开挖法一般是在工程地质条件恶劣、断面尺寸较大、不利于全断面开挖时才采用的开挖方法。

导洞一般采用上窄下宽的梯形断面，这样的断面受力条件较好，并且可以利用断面的两个底角布置风、水、电等管线。导洞的断面尺寸应根据开挖、支撑、出渣运输工具的大小和人行道布置的要求确定；在方便施工的前提下，导洞尺寸应尽可能小一些，以便加快施工进度，节省炸药用量；导洞高度一般为 2.2 ~ 3.5 m，宽度为 2.5 ~ 4.5 m (其中人行道宽度可取 0.7 m)。

2. 隧洞塌方预防和处理措施

在水利水电工程隧洞施工中，最易出现的安全事故就是隧洞塌方。对于水利水电工程隧洞塌方，认真搞好预防工作，将会取得良好的效益。预防隧洞塌方，主要从以下 3 点着手。

(1) 认真搞好勘测设计。在隧洞工程的勘测设计工作中，深入细致调查和勘探隧洞所在区域的地质环境，详细掌握隧洞轴线和进出口的地质资料，对隧洞穿越垭口、沟谷和山体认真分析，尽可能全面掌握所有可能发生塌方的不良地质情况。选择洞线时，尽量避开断层、溶洞、堆积体流砂、地下水和软弱破碎带等不良地层。若必须通过时，应事先考虑相应的技术措施，正确选定施工方法，认真搞好施工组织设计，以便指导工程施工。

(2) 施工中应正确合理选择施工方法和防塌技术措施，准备必要的材料和工具。防塌措施包括搞好施工排水、采用弱爆破或不爆破开挖技术、合理掌握开挖进度、加强支撑和衬砌进度等。

(3) 施工过程中应经常进行检查，及时发现发生塌方的种种预兆，及时采取工程技术措施，防止塌方事故的发生。

3. 隧洞塌方处理措施

塌方发生后，应首先加固未塌地段，以防塌方蔓延，让抢险工作有一个安全的空间。同时，要组织相关人员到塌方现场调查研究，查明塌方的范围、性质以及塌方区围岩的地质构造和地下水活动情况，认真分析形成塌方的原因，及时制订可行的塌方处理方案。

根据塌方的规模和塌方的补给情况，塌方可分为大塌方和小塌方。当塌方体厚度大、范围长，已将开挖坑道堵死，或塌方还继续不停地扩展，人员不能或不易进入塌穴的，属于大塌方。反之，当塌方体不足以将坑道全部堵塞，塌方在较长的时间内不再发展或基本停止，人员有可能进入塌穴观察处理的，属于小塌方。根据塌方的危害程度，塌方亦可分为严重塌方和轻微塌方。对于塌方后造成很大的人员伤亡或损失的，属于严重塌方；反之，属于轻微塌方。无论是何种塌方，我们都应认真对待，并根据塌方的实际情况制定相应的塌方处理技术措施。

### （二）水利水电工程中的水闸施工

1. 水闸施工前的技术

① 要明确水闸施工中容易出现问题的关键位置，使得管理具有针对性。一般来说，水闸施工中需要考虑其自身的稳定性、抗渗性和可靠性，需要对地基、伸缩缝、止水工程、混凝土工程、闸门等进行重点关注。

② 要做好方案设计工作。工程项目的施工离不开设计图纸和施工图纸的指导，而设计的质量直接影响着工程的施工质量。在水利工程确定后，要切实做好水闸的设计工作，结合实际情况，选择合适的设计方案，并组织专业技术人员对方案进行严格的审核，以确保设计科学合理、符合实际。

③ 要建立专业的施工管理队伍。工程的施工管理需要涉及的方面是众多的，仅仅依靠少数人是不可能实现全面管理的。为了避免遗漏，在施工开始前，要成立专门的施工管理队伍，并根据施工的具体情况，制定出相应的施工管理制度，切实保证工程施工的质量和效率。

2. 水闸施工过程中的技术

在水闸的建筑程序中要搞好各个工作程序的品质掌控作业，必须对品质进行严格把关，以此确保水闸品质的完成。建筑中要加强对各类物料品质以及强度的检验，对水闸的建筑技术进行整体的掌控，不仅要做好质量的检查，对水闸项目关键位置的措施管制作业也要搞好。

① 开挖工程。通常情况下，水利工程的水闸面积较大，施工范围广，在开挖阶段的工程量也相对较大，而开挖工程的质量对于水闸工程的整体质量有着极大的影响。如果开挖的断面过大，需要运用大量的混凝土进行填补，从而使工程的成本增加；如果开挖的断面过小，会直接影响到水闸自身的强度，难以抵御大型洪峰的侵

袭。因此，水闸工程的施工单位必须根据工程的设计方案，对其进行严格的计算和限制，确保实际开挖工程与设计保持一致，同时进行严格的质量验收。

② 混凝土工程。水闸项目建筑对混凝土的需求量较多，一定要搞好混凝土物料的品质掌控作业。要时常检查及抽样检查，在频繁的检查下寻找符合对混凝土品质的掌控程序。在混凝土的搅拌中，要严格按照合理的比例进行调配，据此达到对构造物混凝土建筑全面的掌控。对建筑中重要的位置还要开展钻芯取样的检测，这样才能够在最大限度上确保混凝土构造物的品质。

③ 金属结构工程。由于水闸使用的闸门面积巨大，为了便于运输，一般都是采用现场组装的形式。在对闸门进行选择时，要对其质量进行严格管理和控制，确保其使用的材料拥有相应的合格证明书和质量检测报告，同时对其进行抽样检测，切实保证材料的质量。而为了保证闸门的质量，防止制作时出现变形，要选择信誉好、质量有保证的厂家进行制作，并按照工程的施工进度进行焊接，以此确保焊接质量。

3. 导流施工

① 导流方案。在水闸施工导流方案的选择上，多数是采用束窄滩地修建围堰的导流方案。水闸施工受地形条件的限制比较大，这就使得围堰的布置只能紧靠主河道的岸边。但在施工中，岸坡的地质条件非常差，极易造成岸坡的坍塌，在施工中必须通过技术措施来解决此类问题。在围堰的选择上，要坚持选择结构简单且抗冲刷能力大的浆砌石围堰，基础还要用松木桩进行加固，堰的外侧还要通过红黏土夯措施来进行有效的加固。

② 截流方法。在水利水电工程施工中，我国在堵坝的技术上累积了很多成熟的经验。在截流方法上要积极总结以往的经验，在具体的截流之前要进行周密的设计，可以通过模型试验和现场试验来进行论证，可以采用平堵与立堵相结合的办法进行合龙。土质河床上的截流工程，戗堤常因压缩或冲蚀而形成较大的沉降或滑移，导致计算用料与实际用料会存在较大的出入，在施工中要增加一定的备料量，以保证工程的顺利施工。特别要注意的是，土质河床尤其是在松软的土层上筑戗堤截流要做好护底工程，这一工程是水闸工程质量实现的关键。根据以往的实践经验，应该保证护底工程范围的宽广性，对护底工程要排列严密。在护堤工程进行前，要找出抛投料物在不同流速及水深情况下的移动距离规律，这样才能保证截流工程中抛投料物的准确到位。对那些准备抛投的料物，要保证其在浮重状态及动静水作用下的稳定性能。

## 四、混凝土坝施工

大中型水利水电工程混凝土坝占有很大比重，特别是重力坝、拱坝应用更为普遍。其特点是工程量大、质量要求高、与施工导流关系密切、施工季节性强、浇筑强度大、温度控制严格、施工条件复杂等。在混凝土坝施工中，大量砂石骨料的采集、加工，水泥和各种掺和料、外加剂的供应是基础，混凝土制备、运输和浇筑是施工的主体，模板、钢筋作业是必要的辅助。

### （一）混凝土浇筑施工工艺

混凝土浇筑是保证混凝土工程质量的最重要环节，包括混凝土浇筑前的准备工作、混凝土浇筑及养护等。

1. 施工准备

浇筑前的准备作业包括基础面的处理、施工缝处理、立模、钢筋和全面检查与验收等。对于土基，应将预留的保护层挖除，并清除杂物，然后铺碎石再压实。对于沙砾石地基，应先清除有机质杂物和泥土，平整后浇筑 200 mm 厚的 C15 混凝土，以防漏浆。对于岩基，必须首先对基础面的松动、软弱、尖角和反坡部分用高压水冲洗岩面上的油污、泥土和杂物。岩面不得有积水，且保持湿润的状态。浇筑前一般先铺浇一层 10 ~ 30 mm 厚的砂浆。如遇地下水时，应做好排水沟和集水井，将水排走。

2. 施工缝处理

施工缝是指浇筑块之间临时的水平和垂直结合缝，即新老混凝土之面。对需要接缝处理的纵缝面，只需冲洗干净可不凿毛，但必须进行接缝平缝的处理，必须将老的混凝土面的软弱乳皮清除干净，形成石子半露而清洁表面，以利新老混凝土结合。高压水冲毛。高压水冲毛技术是一项高效、经济而又能保证质量的处理技术，其冲毛压力为 20 ~ 50 MPa，冲毛时间以收仓后 24 ~ 36 h 为宜。掌握开始冲毛的时间是施工的关键，过早将会浪费混凝土，并造成石子松动，过迟却又难以达到清除乳皮的目的，可根据水泥的品种、混凝土的强度等级和外界气温等进行选择。风砂枪喷毛，即用粗砂和水装入密封的砂箱，再通过压缩空气（0.4 ~ 0.6 MPa）将水、砂混合后，经喷射枪喷向混凝土面，使之形成麻面，最后再用水清洗冲出污物，一般在混凝土浇筑后 24 ~ 48 h 内进行。钢刷机刷毛，是一种专门的机械刷毛方式，类似街道清扫机，其旋转的扫帚是钢丝刷，其质量和工效高。人工或风镐凿毛，主要是对坚硬混凝土面采用人工或风镐凿除乳皮，施工质量好，但工效较低。风镐是利用空气压缩机提供的风压力驱动震冲钻头，震动力作用于混凝土面层，凿除乳皮；人工则是用铁锤和钢钎敲击。

3. 振捣

振捣是指对卸入浇筑仓内的混凝土拌合物进行振动捣实的工序。振捣按其工作方式分为插入振捣、表面振捣、外部振捣 3 种，常用的为插入式振捣。插入式振捣器工作部分长度与铺料厚度比为 1 ：（0.8 ~ 1），应按一定顺序间距。间距为振动影响半径的 1.5 倍，插入下层混凝土 5 cm，每点振捣时间 15 ~ 25 s。以振捣器周围见水泥浆为准，振捣时间过短，得不到密实；振捣时间过长，粗骨料下沉影响质量的均匀性。

4. 混凝土养护

混凝土养护，即混凝土浇筑完毕后，为使其有良好的硬化条件，在一定的时间内，对外露面保持适当的温度和足够的湿度所采取的相应措施。养护时间一般从浇筑完毕后 12 ~ 18 h 开始，在炎热干燥天气情况下还应提前进行。持续养护 14 ~ 28 d，具体要求根据当地气候条件、水泥品种和结构部位的重要性而定。在常温下，混凝土的养护方法通常是在垂直面定时洒水或自动喷水，水平面用水或潮湿的麻袋、草袋、木屑及湿沙等物覆盖。还可在混凝土表面喷涂一层高分子化学溶液养护剂，阻止混凝土表面水分的蒸发。该层养护剂在相邻层浇筑以前用水冲洗掉，有时在以后也能自行老化脱落。在寒冷地区的严寒季节，为防止混凝土表层冻害，应在温度不低于 5℃下养护 5 ~ 7 d，采取的保温措施有暖棚法、表面喷涂一定厚度的水泥珍珠岩、表面覆盖聚乙烯气垫膜和延缓拆模时间等。

### （二）混凝土温度控制

国内通常把结构厚度大于 1 m 的称为“大体积混凝土”。大体积混凝土承受的荷载巨大，结构整体性要求高，如大型设备基础、高层建筑基础底板等。一般要求混凝土整体浇筑，不留施工缝。在混凝土浇筑早期，受水泥水化热的影响，产生较大的温度应力，易产生有害的温度裂缝。虽然混凝土大坝坝体施工速度快，但与常态混凝土大坝一样，混凝土坝也需要采取严格的温度控制措施，以确保坝体内的最高温度和断面上温度变化梯度不超过设计值，避免由于温度变化和混凝土体积收缩而在坝面和坝体内部出现裂缝，影响大坝的防渗性能和耐久性能。为此，需要对混凝土大坝内部的温度场及其发展变化过程有很好的了解。施工过程仿真分析需要知道坝体内的实际温度场，无论是出于直接采用还是标定程序的目的，各种温控措施的效果只有通过坝体内的实际温度场来反映。另外，通过监测大坝内部混凝土最高温度，可以动态调整施工进度；通过监测温度上升的速度，可以判断异常的混凝土配合比，以便在混凝土初凝前采取补救措施；通过监测断面上温度变化梯度，可以调整上下游坝面和仓面养护措施，避免产生裂缝。所以，及时和准确地获得坝体内的实际温度场是混凝土大坝施工进度和质量控制的重要前提。

1. 温度控制标准

混凝土块体的温度应力、抗裂能力、约束条件，是影响混凝土发生裂缝的主要原因。而温度应力的大小与各类温差的大小和约束条件有关，温度控制就是要根据混凝土的抗裂能力和约束条件，确定一般不致发生温度裂缝的各类允许温差。此允许温差即为相应条件下的温度控制标准。

2. 温度控制措施

温度控制的具体措施通常从混凝土的减热和散热两方面入手。所谓减热，就是减少混凝土内部的发热量，如通过减少混凝土的斗来降低入仓浇筑温度，或者通过减少混凝土的水化热温升来降低混频的最高温度。所谓散热，就是采取各种散热措施，如增加混凝土的热，温升期时采取人工冷却降低其最高温升。

3. 坍落度检测和控制

混凝土离开拌合机以后，需经运输才能到达仓内，不同环境条件和不同运输工具对于混凝土的和易性会产生不同的影响。水泥水化作用的进行、水分的蒸发以及砂浆损失等，会使混凝土坍落度降低。如果坍落度降低过多，超出了所用振捣器性能范围，则不可能获得振捣密实的混凝土。因此，仓面应进行混凝土坍落度检测，每班至少 2 次，并根据检测结果，调整出机口坍落度，为坍落度损失预留余地。

4. 混凝土初凝质量检控

在混凝土振捣后，上层混凝土覆盖前，混凝土的性能也在不断发生变化。如果混凝土已经初凝，则会影响与上层混凝土的结合。因此，检查已浇混凝土的状况，判断其是否初凝，从而决定上层混凝土是否允许继续浇筑，是仓面质量控制的重要内容。此外，混凝土温度的检测也是仓面质量控制的项目，在温控要求严格的部位则尤为重要。

5. 混凝土的强度检验

混凝土养护后，应对其抗压强度通过留置试块做强度试验判定。强度检验以抗压强度为主，当混凝土试块强度不符合有关规范规定时，可以从结构中直接钻取混凝土试样或采用非破损等其他检验方法作为辅助手段进行强度检验。

# 第二章　水利水电运行管理与质量控制

## 第一节　水利水电运行管理

### 一、生态和谐理念下水利工程建设与运行管理

（一）管理原则

1. 尊重生态环境的原则

水利工程建设规划时，应对地域的自然环境给予高度重视和的尊重。一个区域的自然环境是本地特色最基本的体现，一个地域本身就是一个巨大的生命体，自然生态成为维系地域生命功能的最基本和最有力的保障。水利工程建设目标要在不超过生态系统自我调节和自我修复能力的基础上确定。

2. 兼顾生态设计原则

自然景观生态设计是对整体人类生态系统进行全面的设计，设计目标是整体优化和可持续发展。景观元素的复杂性和多样性决定了实现理想景观生态设计的多学科性，水利工程建设要综合考虑整体设计，以确保整体生态系统的和谐与稳定。

3. 保护优先、防治结合原则

水利工程项目规划要在保护生态环境的条件下进行，预防生态环境遭到破坏。项目的建设和运行管理，要与生态保护共同进行。建设项目需要配套建设的环境保护设施，必须与主体工程同时设计、同时施工、同时投产使用，水资源开发利用与生态治理也要同步进行。

4. 项目全寿命周期管理原则

在水利工程建设管理中，不能只考虑项目运行过程对生态环境的影响，还要考虑项目建设过程对周围环境的影响，如原料的生产和运输、工程具体建设实施的污染和噪声等。此外，还要考虑工程报废过程对生态环境的影响。对生态环境保护研究不只着眼于水利工程项目结果，而是要对其原料、生产（建设）、产品、服务、废弃整个生命周期的影响进行研究。

### （二）管理措施

在“生态和谐”的水利工程建设管理模式中，强调工程与自然的亲和性、融洽性、创造性、自主性，使生态有机性受到最大限度的重视和最大限度的强化。

1. 技术措施

（1）项目规划阶段

水利工程建设规划阶段，要按照生态环境保护设计规范的要求，落实防治环境污染和生态破坏的措施。对工程实施前后可能出现的生态环境问题，提出工程措施与管理措施。例如，对被污染的水体阻断其进入南水北调总干渠等。为工程可行性研究报告、环境影响评价及工程设计中的生态环境保护重点与措施奠定基础，要把工程项目对生态的影响控制在可承受的范围内。

（2）施工准备阶段

水利工程建设实施之前，要把与最初数量相当的非生命环境的质量损失最小化。如土壤的肥力结构变坏，土壤侵蚀、水文地质情况改变，生态脆弱带的土壤退化等。按工程生态学观点，尽可能使生命的和非生命环境的累积损失最小化。工程总体布局要合理节约用地，根据施工地点的地质状况，尽量利用荒地、滩地、坡地，不占或少占良田，减少对地形地貌、经济园林、森林资源的破坏。尽量减少穿越人口、耕地集中的地区，注意避让地质塌陷区、水源地、古迹等。

（3）项目施工阶段

工程建设期，要做好工程的水土保持方案，在采取全面预防监督措施的同时，对重点或主要水土流失区，采取工程措施与林草措施相结合，实施综合治理。施工弃渣按照批准的弃渣规划堆置于坑洼不平处，少占耕地，多利用山沟、荒地、河滩地；施工道路两侧开挖排水沟，疏导地表径流；泵站区域要结合环境进行绿化、美化；移民安置区建房过程中产生的弃渣选择洼地填埋，区内种植林木，以提高植被覆盖率，美化环境。施工中产生的各类废水，应根据水资源保护有关标准，经过处理对环境无危害后再进行排放，生活污水经粪池初级处理后排放。

此外，要保护工程沿线植被生态及动物种群生活，防止移民搬迁及施工过程中对植物的破坏，对工程建成后动、植物种群变化可能引起的危害采取有效的生态环境保护措施进行控制。

（4）项目运行阶段

在工程运行期间，要保证生态水的需求及必要的生态水流量，为水生生物提供种群重建或保护基地所必需的水量。合理利用水库消落带的土地，减轻水污染的风险，避免导致景观生态破坏和地质灾害的诱发等。注意环境污染源治理，避免大型水库在重点城市河段形成岸边污染带，避免库区支流和库湾形成水质污染及不科学的水库渔业养殖造成的环境污染等。

2. 经济措施

（1）生态保证金措施

目前，多个省市建立了矿山生态保证金机制并产生积极的作用，水利工程完全可以借鉴该模式。水利工程项目实施前，要向主管部门上缴生态保证金，以确保在项目整个实施过程中的生态和谐。经过一定运行阶段之后，接受生态环境评估，如果对生态环境的影响在可控范围内，则退还保证金；如未能通过验收，限期治理，治理费用不足，应向工程业主索取。

（2）生态补偿措施

“谁受益，谁补偿”，生态补偿是对提供生态系统服务价值的付费行为，是鼓励生态保护和建设者的手段。补偿方式可以采用直接经济补偿、实物补偿、政策补偿、项目补偿、智力技术补偿等。其中，政策补偿、项目补偿和智力技术补偿是造血型生态补偿机制，是鼓励当地居民承担生态保护的措施。此外，还可改变生态行政管理岗位缺失的现状，设立生态资源管理体系，通过规范生态资源产权化管理，界定生态资源产权关系，改变补偿主体难以确定，生态补偿主观性和随意化的局面。

## 二、水利工程运行系统安全基本原理

水利工程是指为除害兴利而修建的控制和调配自然界地表水及地下水且包含各种功能设备设施的工程。水利工程建成运行后，要充分发挥水利工程的综合效益，就必须保证水利工程运行中的设备设施、环境和人组成的系统安全。

### （一）水利工程运行系统安全及其内容

1. 水利工程运行系统安全概念

系统是由相互作用又相互依赖的若干组成部分（要素）结合的具有特定功能的有机整体，具有整体性、相关性、有序性、环境适应性、目的性等特征。水利工程运行时的系统由设备设施、环境和人组成。水利工程运行系统安全是指水利工程运行时的识别评价和消除设备设施、环境和人组成的系统中的危险，或将相应的风险降低到管理部门可接受的水平，使得水利工程设备设施、环境和人组成的系统获得最佳的安全性。

2. 水利工程系统运行的安全特点

系统安全与传统的技术安全目的虽然都是实现系统的安全，但它们的工作范围和实施方法都有较大的区别，具体体现在以下 3 个方面：一是水利工程系统运行安全是利用系统工程的方法，从系统、子系统和环境影响以及它们之间的相互作用来研究安全问题，从而能比较深入而全面地找到潜在危险，预防事故的发生。二是水利工程运行系统安全利用危险严重性、可能性等参数和指标来定量评价安全的程度，从而使预防事故的措施有了客观的度量，安全程度更加明确。三是通过安全分析、试验、评价和优化的应用，可以找出最佳的减少和控制危险的措施，使水利工程运行的系统及各子系统之间，用最少投资获得最好的安全效果，从而在最大限度上提高安全水平。

### （二）水利工程运行安全管理基本原理

#### 1. 水利工程运行安全管理和系统原理与原则

水利安全管理的系统原理是指从事水利工程安全管理工作时，运用安全系统的观点、理论和方法对水利工程安全管理活动进行整体、全面的研究和分析，既要把涉及水利工程安全生产的各个要素结合起来看作一个系统，也要把它们看作整个管理系统的有机组成部分，系统、全面地进行安全分析、评价，制定综合性的安全措施，以实现水利工程系统安全为最终目的。

安全管理系统原理的基本原则包括整分合原则、反馈原则、封闭原则、弹性原则、动态相关性原则。

（1）整分合原则

现代高效率的水利工程安全管理必须在整体规划下明确分工，在分工基础上有效整合。明确分工就是明确水利工程安全系统的构成，明确各水利工程安全系统的功能，把水利工程安全的整体目标分解为各个子目标，使各方明确自身在总体安全目标中的作用，为实现整体安全最大限度地发挥作用。有效整合就是对各个局部进行强有力的组织管理，在纵向分工的基础上，建立紧密的横向联系，使各部分协调配合，平衡发展。分工是关键，没有分工，整体只是一团没有秩序的混沌物，水利工程安全系统不可能高效率地运行。而只有分工没有协作，又必然导致各行其是，工作上相互脱节，不能保证各个局部协调配合、综合平衡地发展。

（2）反馈原则

成功、高效的水利工程安全管理，离不开灵敏、准确、迅速的反馈。反馈实质上是依据过去的情况达到调整未来行动的目的，反馈有正反馈与负反馈之分，前者导致系统运动加剧和发散，而后者则促使系统运动收敛并趋于稳定。在水利工程安全管理活动中大量存在的是负反馈机制，面对不断变化的客观实际，判断系统的管理是否有效，关键在于系统是否有灵敏、准确而有力的反馈，反馈的效果取决于接受、处理、利用这种反馈信息的程度。当受到不安全因素的干扰时，就可能偏离安全目标，甚至导致事故或损失。所以，必须及时捕捉、反馈不安全信息及系统运行情况，消除或控制不安全因素，以实现水利工程安全。

(3) 封闭原则

水利工程安全管理对象是一个系统，对外具有输入输出关系，必须具有开放性；对内则各部分和各环节必须首尾相接形成回路，任何水利工程安全系统的管理手段、管理过程等只有构成一个连续封闭的回路，才能形成有效的安全管理活动。对于安全管理机构，不仅要有决策指挥中心、执行机构，还应有监督机构和反馈机构，这些机构应相互独立、相互制约、权责明确，形成一个闭环回路。如果水利工程安全管理系统不封闭，对执行过程不监督，或对执行情况不反馈，那么，决策机构就无从了解执行情况，不能实行有效控制，达不到既定的安全管理目标。

(4) 弹性原则

水利工程安全管理是在系统内、外部环境条件千变万化的情况下进行的，水利工程安全管理工作中的方法、手段、措施等必须保持合理的伸缩性，以保证水利工程安全管理有很强的适应性和灵活性，从而有效地实现动态管理。任何事故的发生都是一个动态过程，事故致因是很难完全预测和掌握的。安全管理必须尽可能地保持好的弹性，考虑到最危险、最严重的灾害后果，从生产、生活最安全的目标出发，采用全方位、多层次的事故防范对策。

(5) 动态相关性原则

构成水利工程安全系统的各个要素是在不断运动和发展变化的，并且是相互关联的，既有联系又相互独立，既相互协调又相互制约。水利工程安全管理活动应是灵活、动态的，重视信息反馈，注意水利工程安全系统变化，留有余地，以随时调节，以动制动、以变应变。任何事故发生的直接原因——不安全状态与不安全行为之间都是相互关联的。不安全状态（机器设备的不安全状态）可以导致人的不安全行为，而人的不安全行为又会引起或扩大不安全状态，而且受到其他间接因素的影响，并随着时间和各种因素的变化，这种直接因素和间接因素之间的制约和影响也在随时发生变化。水利工程安全管理，一方面应有效控制导致事故的直接因素；另一方面要密切关注间接因素的干扰，注意协调好各方面的关系。

2. 水利工程运行管理的人本原理原则与安全管理

(1) 人本原理与安全管理

人本原理是指以人为管理之本，以开发人的潜能，调动人的积极性、主动性和创造性为根本。激励是指通过管理者的行为或组织制度的规定，给被管理者以某种刺激，使其努力实现管理目标的过程，即调动人的积极性的过程，是激发人的动机的心理过程。经典的激励理论有马斯洛需求层次理论、双因素理论、期望理论、公平理论、强化理论等。

(2) 人本原理的基本原则与安全管理

人本原理的基本原则包括动力原则、能级原则、激励原则。

动力原则是指管理必须有强大动力，只有正确地运用动力，才能使管理工作持续且有效地进行下去，管理动力有物质动力、精神动力、信息动力。在水利工程安全管理工作中，要强调物质动力的积极作用。加强安全投入可带来长期的经济效益，对于职工来说，只有安全，才能得到更加丰厚而稳定的报酬。利用精神动力做好安全工作，可使企业获得较高的社会声誉，提高企业的知名度，从而增强企业的市场竞争力；对于员工来说，则可以获得较高的荣誉，受到人们的尊重。信息动力可以给员工提供各种知识，促使员工提高安全管理水平，增加声望，从而反过来又有增加物质动力和精神动力的作用。

能级原则是指在水利工程管理系统中，各种管理的功能是不同的，可根据管理的功能把管理系统分成不同的级别，把相应的管理内容和管理者分配到相应的级别中去，使其各居其位、各司其职，管理能级的层次可分为决策层、管理层、执行层、操作层。

激励原则是指以科学的手段，激发人的潜能，充分调动人的积极性和创造性。研究表明，在正常情况下，一个人只能发挥自己能力的 20% ~ 30%，而在得到充分有效刺激的情况下，可发挥到 80% 左右，可见其作用之大。安全管理必须通过适当的手段，调动人们对于安全工作的主动性，使其发挥出内在的潜能。

3. 人的安全行为的影响因素

人的安全行为是复杂和动态的，具有多样性、计划性、目的性和可塑性，并受安全意识水平的调节，受思维、情感、意志等心理活动的支配，同时也受世界观、人生观和价值观的影响。由于态度、意识、知识、认识决定人的安全行为水平，因而人的安全行为表现出差异性。影响水利工程安全行为的因素主要有个性心理因素、社会心理因素、社会因素和环境因素。

### (三) 水利工程系统安全管理方法和实施过程

1. 安全管理方法

在水利工程系统安全中，采用全面安全管理方法，即在总结传统的劳动安全管理的基础上，应用现代管理方法并通过全部人员确认的全面安全目标，对全生产过程和单位的全部工作进行统筹安排和协调一致的综合管理。具体包括 4 个方面：(1) 全面安全目标管理，众所周知，安全生产既针对生产作业的人、物、环境，又贯穿于企业各部门业务，无论哪一方面，都应当考虑安全，安全管理必须对这种全面安全内容进行管理，使其都有明确的目标，而且是经过努力可以达到或可能达到的目标。(2) 全员安全管理，即以各级领导为核心，广大职工共同参与的全员安全管理。(3) 全过程安全管理，即工程管理单位应抓好每项工程全部生产过程中各个环节的安全管理。(4) 全部工作安全管理，即水利工程管理单位有很多部门和基层单位，这些部门、单位工作本身可能存在安全问题，又或多或少地涉及安全问题，因此，这些部门和基层单位的业务工作都要有安全管理内容。

2. 实施过程

系统安全管理的实施过程实际上就是通过管理的手段，将水利工程系统安全要求结合到系统全寿命周期的过程中。为了保证及时、有效地达到水利工程系统安全的目标，单位必须建立和实施一个系统安全大纲。该大纲的主要内容应包括管理系统和关键的系统安全人员两个部分。(1) 管理系统。工程单位负责建立、控制、指导和实施系统安全大纲，并保证将事故风险消除或控制在可接受风险范围内，系统中还应设事故及与安全有关的文件，包括尚未发生的事故或与安全相关事件的潜在危险条件的报告、调查、处理程序。(2) 关键的系统安全人员。为保证所建立的系统安全大纲达到上述目标，在管理系统中应选择合适的人选负责系统安全大纲的建立及实施管理过程，该人选即为关键的系统安全人员，通常限制为对系统安全工作有管理职责和技术认可权的人员。为保证该类关键人员能够胜任这一重要工作，根据工程或系统复杂性的高低，对该工程安全负责人的资质要求也有所差异。

3. 实施水利工程系统安全的主要手段

水利工程系统安全是关系人民群众生命财产安全的大事，关系经济社会持续健康发展、水利现代化规划建设目标任务的实现。

造成事故的原因包括直接原因和间接原因。直接原因包括物的不安全状态的原因和人的不安全行为的原因。间接原因包括技术上和设计上有缺陷、安全教育培训不够、身体的原因、精神的原因、管理上有缺陷、学校教育的原因、社会历史的原因等。事故预防原则包括可预防原则、偶然损失原则、因果关系原则、“3E 对策”原则①、本质安全化原则、危险因素防护原则等。水利工程系统安全就是要消除物的不安全状态、人的不安全行为，消除事故的间接原因。因此，搞好水利工程运行的系统安全的主要手段包括以下方面。

(1) 建立健全安全组织机构与职责。包括建立健全安全生产委员会、安全管理组织网络、安全生产责任制度。

(2) 实行安全目标管理。包括安全目标制定、安全目标分解与落实、安全目标

① 强制管理 (Enforcement)、教育培训 (Education) 和工程技术 (Engineering)。

实施、安全目标检查与考核等。

（3）搞好安全制度管理与教育培训。其中，安全制度管理包括法规标准识别、安全管理规章制度、操作规程、文档管理等。

（4）建设水利安全文化与塑造安全形象。包括水利工程安全文化与建设目标任务、水利工程安全文化建设基本方略、水利工程安全精神文化建设要领、水利工程安全行为文化建设要领、水利单位安全形象及其对事故预防的作用、水利工程单位安全形象与安全文化的关系、塑造水利工程单位安全形象的基本途径等。

（5）安全风险管控及隐患排查治理。包括水利工程主要风险因素分析，安全风险评价，安全风险防范与控制，重大危险源监控与管理，隐患排查基本要素、排查方式、治理体系、运行机制等。

（6）设备设施安全控制。包括设备设施安全质量要求、设备设施安全检查、设备设施安全检测、水工建筑物安全观测、水工建筑物自动安全监测、主要设备设施的除险加固等。

（7）作业安全控制。包括过程安全控制、作业行为安全控制、安全警示标志、相关方作业安全监管等。

（8）应急救援与事故管理。包括应急救援基本原则和应急组织、应急预案、应急设施设备及物资保障、应急演练、报警与接警、分级别的应急响应、应急救援行动与现场恢复、主要应急处置措施、事故报告与调查处理等。

（9）职业健康技术与管理。包括主要职业危害检测方法、主要职业危害控制技术、职业健康管理等。

（10）安全信息管理系统建设。包括总体架构和应用支撑平台、基础平台、行为安全监管数据库、物态安全数据库、安全数据库采集、系统运行环境和软件工具、现场管理的典型功能等。

（11）安全生产标准化建设。包括安全标准化主要过程、安全标准化主要举措、安全生产标准化注意事项等。

## 第二节　水利水电维修养护与施工质量控制

### 一、水利工程维修养护的问题及对策

随着经济的不断发展，我国对于民生工程的重视程度也不断加大。据不完全统计，现阶段我国的水利工程基本上已经实现了全国范围内的全覆盖，为我国民生

质量的提高打下了坚实的基础。但随着我国水利工程建设项目的不断增多，其建成后及建设中在维修养护过程中出现的问题也越来越严重，给国家和人民造成的经济损失也越来越大。因此，为了我国民生质量的不断提高，全面解决现阶段我国水利工程中的维修养护问题已经成为燃眉之急。现将其中存在的问题及相应的对策简述如下。

### （一）现阶段我国水利工程维修养护过程中存在的问题

水利工程后期的维修养护工作对整个水利工程正常运行有着非常重要的作用，同时，在调查中我们也发现，每年国家用于水利工程维修和养护的费用数额也是巨大的。现从水利工程维修养护过程中的管理制度、人员总体素质水平、日常维护过程中方案的编制等方面简要论述维修养护过程中存在的问题。

1. 水利工程维修养护过程中管理体制不完善

在调查中我们发现，现阶段在水利工程进行维修的过程中基本上采用的是上级水利部门拨款、下级水利部门实施的管理机制。这个过程存在较大的弊端，在具体的实施过程中，下级水利部门往往将具体的维修和保养工作转让给辖区内的单位或个人，这样的管理机制使得维修养护单位缺乏竞争意识，工作散漫，缺乏应有的责任心，这就使得维护管理工作不能满足水利工程单位规定的养护要求。

2. 水利工程维修养护过程中维修养护技术人员素质水平偏低

在调查中发现，现阶段我国水利工程中从事日常维修和养护工作的人员大多是临时工，对于水利工程维修养护工作了解非常少，仅仅能做好一些水利工程表面的工程，对于水利工程出现破坏机理问题认识不清。这就非常容易导致水利工程反复维修，这给国家和人民造成的经济损失是非常巨大的。此外，调查发现，很多水利工程在承包内部的维修和养护工程时存在较为严重的人为影响因素，这就为维修养护的质量带来非常严重的威胁。水利专业基础知识薄弱、维修养护能力较低，是当前水利管理人员编制中存在的一个严重问题。

3. 水利工程维修养护过程中方案编制问题

水利工程在进行维修和养护的过程中，拥有完善的维修养护方案是保证水利工程维修和养护工作顺利、高质量实施的关键。但在调查中我们发现，国内现行的水利工程维修养护细则比较笼统，对于维修养护过程中的关键问题，涉及非常少。这就给水利工程在编制维修养护方案时造成比较大的难度，使得在具体水利工程维修养护过程中，非常容易出现机械设备和技术人员匹配不合理，浪费资源现象严重，这在很大程度上增加了水利工程维修养护的成本。

### (二) 增强水利工程维修养护质量的措施

在具体的水利工程维修和养护的过程中，增强其工作质量的措施有很多种。本书从转变传统维修养护思想、增强水利工程维修养护技术队伍等方面简要论述了增强水利工程维修养护质量的措施。

1. 转变传统的水利工程维修养护理念，保证各项维修养护工作切实到位

水利工程维修养护单位应该切实认识到现阶段水利工程维修养护工作，随着社会的不断发展已经发生了较大的变化，这就要求水利工程单位在进行维修养护的过程中彻底地转变传统的维修养护观念，根据实际情况，以传统的水利工程维修养护为基础，建立新时代的水利工程维修养护理念。不断进行水利工程维修养护改革，妥善处理维修养护中遇到的问题，保证维修养护制度落实到位。

2. 增强水利工程维修养护技术队伍整体“战斗力”

针对现阶段水利工程在维修养护工程中出现的人员素质偏低情况，各个水利工程单位必须采取切实有效的措施全面提升水利工程维修养护人员的素质。第一，在进行水利工程维修养护人员选择时，水利工程单位必须提高招收人员的门槛，且在这个过程中必须全面杜绝人为因素带来的影响，对招收人员要进行理论及现场操作等方面的考核，对于不达标的人员坚决不能录用。第二，对于达标人员要进行全面的岗前培训，且这个过程中要进行认真管理防止漏培等现象出现。第三，对于维修养护人员的待遇要细致划分，维修养护能力高则工资高，能力低则工资低，这在很大程度上能够刺激维修养护人员对水利工程的维修养护水平。第四，在日常的维修和养护的过程中，水利工程单位应该定期组织维修养护人员进行培训，这对于维修养护人员提升自身的能力水平是非常重要的。每次培训过后都要进行全面的考核，重新评估其水利工程维修养护能力。只有这样，水利工程单位才能不断增强其水利工程的维修养护工作的质量。

## 二、水利水电工程施工质量管理及施工阶段质量控制方法

### (一) 质量管理与质量保证

1. 质量和工程质量

质量是指反映实体固有的满足明确或者隐含需要能力的特性的总和。

“固有的”就是指某事或某物中本来就有的，尤其是那种永久的特性。

质量的主体是“实体”，实体可以是活动或过程的有形产品。如建成的大坝，处理后的地基，或是无形的产品（质量措施规程等），也可以是某个组织体系或人，以

及上述各项的组合。由此可见，质量的主体不仅包括产品，而且包括活动、过程、组织体系或人，以及它们的组合。

质量的明确需要是指在合同、标准、规范、图纸、技术文件中已经作出明确规定的要求；质量的隐含需要则应加以识别和确定，如人们对实体的期望，公认的、不言而喻的、不必作出规定的“需要”。

工程质量除了具有上述普遍意义上的质量的含义外，还具有自身的一些特点。在工程质量中，所说的满足明确或者隐含的需要，不仅是针对客户的，还要考虑到社会的需要和符合国家有关的法律、法规的要求等。

一般认为工程质量具有以下特性（见表 2–1）。

表 2–1 工程质量的特性

| 特 性 | 具体内容 |
| --- | --- |
| 过程性 | 工程的施工过程，在通常情况下是按照一定的顺序来进行的。每个过程的质量都会影响到整个工程的质量，工程质量的管理必须管理到每项工程的全过程 |
| 单一性 | 这是由工程施工的单一性所决定的，即一个工程一个情况。即使是使用同一设计图纸，由同一施工单位来施工，也不可能有两个具有完全一样质量的工程。因此，工程质量的管理必须管理到每项工程，甚至每道工序 |
| 综合性 | 影响工程质量的原因很多，有设计、施工、业主、材料供应商等多方面的因素，只有各个方面做好了各个阶段的工作，工程的质量才有保证 |
| 重要性 | 一项工程的好与坏不只关系到工程本身，由于它的安全性是具有社会性质的，业主和参与工程的各个单位都将受到影响。所以，参建和监督各方必须加强对工程质量的监督和控制，达到工程质量目的，以保证工程建设和使用阶段的安全 |

2. 质量控制

质量控制是指为达到质量要求所采取的作业技术和活动，致力于满足质量要求，是质量管理的一部分。

（1）质量控制包括作业技术和管理活动，其目的在于监视全过程并排除质量环从最初需要到最终满足要求和期望的各个阶段。质量控制的对象是过程，通过对作业技术和管理活动的管理，使被控制对象达到规定的质量要求。

（2）质量控制应贯穿于质量形成的全过程（质量环的所有环节）。

质量控制的目的在于以预防为主，通过采取预防措施来排除质量环各个阶段产生问题的原因，以获得期望的经济效益。

质量控制的具体实施主要是为影响产品质量的各环节、各因素制订相应的计划和程序，对发现的问题和不合格情况进行及时处理，并采取有效的纠正措施。

3. 工程项目质量保证和质量保证体系

质量保证是指企业对用户在工程质量方面作出的担保，即企业向用户保证其承建的工程在规定的期限内能满足的设计和使用功能。它是质量管理的一部分，其核心是致力于使人们信任产品且满足质量要求。

（1）质量保证的目的是提供信任，获取信任的对象有两个方面：一是内部的信任，主要对象是组织的领导。二是外部的信任，主要对象是客户。由于质量保证的对象不同，所以客观上就存在着内部和外部质量保证之分。

（2）信任来源于质量体系的建立和运行（包括技术、管理、人员等方面的因素均处于受控状态），建立减少、消除、预防质量缺陷的机制，只有这样的体系才能说具有质量保证能力。

（3）产品的质量要求（产品要求、过程要求、体系要求）只有反映顾客的要求，才能给顾客以足够的信任。

（4）保证方法。其中包括供方的合格说明；提供形成文件的基本证据、其他顾客的认定证据；顾客亲自审核；由第三方进行审核，提供经国家认可的认证机构出具的认证材料等。

质量保证和质量控制是一个事物的两个方面，其某些活动是相互关联、密不可分的。

质量保证体系是指为了保证质量满足要求，运用系统的观点和方法，将参与设计施工和管理的各部门和人员组织起来，将设计施工的各环节及其管理活动严密协调组织起来，明确他们在保证质量方面的任务、责任、权限、工作程序和方法，从而形成一个有机的质量保证整体。主要内容包括有明确的质量方针、目标和计划，建立严格的质量责任制；建立专职质量管理机构，聘用专职质量管理人员；实行管理业务标准化和管理流程程序化；开展群众性的质量管理活动，建立高效灵敏的质量信息管理系统等。

4. 质量管理和全面质量管理

质量管理主要是确保质量方针、目标和职责，并在质量体系中通过诸如质量策划、质量控制、质量保证和质量改进，使其实施全部管理职能的所有指挥和控制活动。

（1）质量管理是下述管理职能中的所有活动。如确定质量方针和目标，确定岗位职责和权限，建立质量体系并使其有效运行等。

（2）质量管理是在质量体系中通过质量策划、质量控制、质量保证和质量改进等一系列活动来实现的。

（3）一个组织要搞好质量管理，应加强最高管理者的领导作用，落实各级管理者职责，并加强教育、激励全体职工积极参与。

（4）全面质量管理应在质量要求的基础上，充分考虑质量成本等经济因素。它是以组织全员参与为基础、以质量为中心的质量管理形式，其目的在于通过顾客满意度和实现本组织所有成员经济效益及社会收益，进而实施的长期行动计划。

### （二）施工阶段质量控制方法

1. 质量控制的基本原理

（1）PDCA 循环原理

PDCA 循环原理就是计划（Plan）、实施（Do）、检查（Check）、处置（Action）的目标控制原理。

① 计划。可以理解为质量计划阶段，明确目标并制订实现目标的行动方案。

② 实施。包含两个环节，即计划行动方案的交底和按计划规定的方法与要求展开工程作业技术活动。计划行动方案的交底的目的在于使具体的作业者和管理者，明确计划的意图和要求，掌握标准，从而规范行为，全面地执行计划的行动方案，从而步调一致地去努力实现预期的目标。

③ 检查。主要指对计划实施过程进行各种检查，包括作业者的自检、互检和专职管理者专检等。各类检查包含两大方面：一是检查是否严格执行了计划的行动方案，实际条件是否发生变化，不执行计划的原因；二是检查计划执行的结果，即产生的质量是否达到标准，并对此进行确认和评价。

④ 处置。对于质量检查所发现的质量问题或质量不合格情况，应及时进行原因分析，并采取必要的措施，予以纠正，以保持质量始终在受控状态。

(2) 三阶段 (事前、事中、事后) 控制原理

三阶段控制原理构成了质量控制的系统控制。

① 事前控制。要求预先进行周密的质量计划。其控制包含两层意思：一是强调质量目标的计划预控，二是按质量计划进行准备工作状态的控制。

② 事中控制。首先，对质量活动的行为进行约束，即质量产生过程中，各项技术作业活动操作者在相关制度管理下的自我约束的同时，应充分发挥自己的技术能力，完成预定质量目标的作业任务。其次，在质量活动过程中来自各方面的监督控制，这里包括来自企业内部管理者的检查、检验和来自企业外部的工程监理以及政府质量监督部门等的监控。事中控制虽然包含自控和监控两大环节，但其关键还是要增强质量意识，引导操作者自我约束、自我控制，即坚持质量标准是根本，监控或他人控制是必要的补充，只有通过建立和实施质量体系才能达到这一目的。

③ 事后控制。主要包括对质量活动结果的评价认定和对质量偏差的纠正。

以上 3 个阶段不是孤立或截然分开的，它们之间构成有机的系统过程，实质上就是 PDCA 循环的具体化，并在每一次滚动循环中不断提高，以达到质量管理或质

量控制的持续改进。

(3) 三全控制

三全控制是指生产企业的质量管理应该是全面、全过程和全员参与的。它来自全面质量管理，全面质量管理是以组织全员参与为基础的质量管理形式。

全面质量控制是指对工程（产品）质量和工作质量的全面控制。工作质量是产品质量的保证，直接影响产品质量的形成。对于建设工程项目而言，全面质量控制还应该包括建设工程各参与主体的工程质量与工作质量的全面控制。如业主、监理、勘察、设计、施工总包、施工分包、材料设备供应商等，任何一方在任何环节的怠慢疏忽或质量责任不到位都会对建设工程的质量造成影响。

全过程质量控制是指根据工程质量的形成规律，按照建设程序从源头抓起，全过程推进。

全员参与控制是指无论是组织内部的管理者还是工作者，每个岗位都承担着相应的质量职能，一旦确定了质量方针目标，就应组织和动员全体员工参与实施质量方针的系统活动，以便发挥他们的角色作用。全员参与质量控制作为全面质量所不可或缺的重要手段就是目标管理。目标管理理论认为，总目标必须层层分解，直至最基层岗位，从而形成自下而上、自岗位个体到部门团体的层层控制，使质量总目标分解落实到每个部门和岗位。

2. 建设工程项目质量控制系统

建设工程项目质量控制系统是由政府实施的建设工程质量监督体系、建设单位质量控制体系、工程监理及检测单位质量控制体系、勘察设计企业质量审核体系、施工企业质量保证体系及材料设备供应商质量管理体系构成。

3. 施工阶段质量控制方法

(1) 施工质量控制的目标

① 施工质量控制的总体目标，是贯彻执行建设工程质量法规和强制性标准，正确配置施工生产要素和采用科学管理的方法，实现工程项目预期的使用功能和质量标准，这是建设工程参与各方的共同责任。

② 建设单位的质量控制目标，是通过施工全过程的全面质量监督管理、协调和决策，从而保证项目达到投资决策所确定的质量标准。

③ 设计单位在施工阶段的质量控制目标，是通过对施工质量的验收签证、设计变更控制、纠正施工中所发现的设计问题、采纳变更设计的合理化建议等，保证竣工项目的各项施工结果与设计文件（包括变更设计文件）所规定的标准相一致。

④ 施工单位的质量控制目标，是通过施工全过程的全面质量自控，保证交付时符合施工合同及设计文件所规定的质量标准（含工程质量创优要求）。

⑤ 监理单位在施工阶段的质量控制目标，是通过审核施工质量文件、报告、报表及现场检查、平行检测、施工指令和结算支付控制等手段，监控施工承包单位的质量活动行为，协调施工关系，正确履行工程质量的监督责任，以保证工程质量达到施工合同和设计文件所规定的质量标准。

(2) 施工质量控制的过程

① 施工质量控制的过程，包括施工准备质量控制、施工过程质量控制和施工验收质量控制。

施工准备质量控制是指工程项目开工前的全面施工准备和施工过程中各分部分项工程施工作业前的施工准备（或称“施工作业准备”）。此外，还包括季节性的特殊施工准备。施工准备质量是属于工作质量范畴，然而它对建设工程产品质量的形成却产生重要的影响。

施工过程质量控制是指施工作业技术活动的投入与产出过程的质量控制，其内涵包括全过程施工生产及其中各分部分项工程的施工作业过程。

施工验收质量控制是指对已完工程验收时的质量控制，即工程产品质量控制包括隐蔽工程验收、检验批验收、分项工程验收、分部工程验收、单位工程验收和整个建设工程项目竣工验收过程的质量控制。

② 施工质量控制过程既有施工承包方的质量控制职能，也有业主方、设计方、监理方、供应方及政府的工程质量监督部门的控制职能，他们具有各自不同的地位、责任和作用。

自控主体：施工承包方和供应方在施工阶段是质量自控主体，他们不能因为监控主体的存在和监控责任的实施而减轻或免除其质量责任。

监控主体：业主、监理、设计单位及政府的质量监督部门，在施工阶段是依据法律和合同对自控主体的质量行为和效果实施监督控制。

自控主体和监控主体在施工全过程相互依存、各司其职，共同推动着施工质量控制过程的发展和最终工程质量目标的实现。

③ 施工方作为工程施工质量的自控主体，既要遵循本企业质量管理体系的要求，也要根据其在所承建工程项目质量控制中的地位和责任，通过具体项目质量计划的编制与实施，有效地实现自主控制的目标。

(3) 施工生产要素的质量控制

① 影响施工质量的五大因素见表 2–2。

表 2–2　影响施工质量的五大因素

| 因　素 | 内　容 |
| --- | --- |
| 劳动方法 | 施工工艺及技术措施的水平 |
| 劳动主体 | 人员素质，即作业者、管理者的素质及其组织效果 |
| 劳动手段 | 工具、模具、施工机械、设备等条件 |
| 劳动对象 | 材料、半成品、工程用品、设备等的质量 |
| 施工环境 | 现场水文、地质、气象等自然环境，通风、照明、安全等作业环境以及协调配合的管理环境 |

② 劳动主体的控制。劳动主体的质量包括参与工程各类人员的生产技能、文化素养、生理体能、心理行为等方面的个体素质，以经过合理组织充分发挥其潜在能力的员工素质。因此，企业应通过择优录取、加强思想教育及技能方面的教育培训，合理组织、严格考核，并辅以必要的激励机制，使企业员工的潜在能力得到最好的组合和充分的发挥，从而保证劳动主体在质量控制系统中发挥主体自控作用。

施工企业控制必须坚持对所选派的项目领导者、组织者进行质量意识教育和组织管理能力训练，坚持对分包商的资质考核和施工人员的资质考核，坚持工种按规定持证上岗制度。

③ 劳动对象的控制。原材料、半成品、设备是构成工程实体的基础，其质量是工程项目实体质量的组成部分。故加强原材料、半成品及设备的质量控制，不仅是提高工程质量的必要条件，也是实现工程项目投资目标和进度目标的前提。

对原材料、半成品及设备进行质量控制的主要内容为：控制材料设备性能、标准与设计文件的相符性；控制材料设备各项技术性能指标、检验测试指标与标准要求的相符性；控制材料设备进场验收程序及质量文件资料的齐全程度；等等。

施工企业应在施工过程中贯彻执行企业质量程序文件，应明确材料设备在封样、采购、进场检验、抽样检测及质保资料提交等一系列明确规定的控制标准。

④ 施工工艺的控制。施工工艺的先进合理是直接影响工程质量、工程进度及工程造价的关键因素，施工工艺的合理可靠还直接影响到工程施工安全。在工程项目质量控制系统中，制定和采用先进合理的施工工艺是工程质量控制的重要环节。

对施工方案的质量控制主要包括以下内容。

第一，全面正确地分析工程特征、关键技术及环境条件等资料，明确质量目标、验收标准、控制的重点和难点。

第二，制订合理有效的施工技术方案和组织方案，前者包括施工工艺、施工方法，后者包括施工区段划分、施工流向及劳动组织等。

第三，合理选用施工机械设备和施工临时设施，合理布置施工总平面图和各阶段施工平面图；选用和设计保证质量与安全的模具、脚手架等施工设备；编制工程所采用的新技术、新工艺、新材料的专项技术方案和质量管理方案。

第四，为确保工程质量，还应针对工程具体情况，编写气象地质等环境不利因素对施工的影响及其应对措施。

⑤ 施工设备的控制。施工所用的机械设备，包括起重机设备、各项加工机械、专项技术设备、检查测量仪表设备及人货两用电梯等，应根据工程需要从设备选型、主要性能参数及使用操作要求等方面加以控制。

对施工方案中选用的模板、脚手架等施工设备，除按适用的标准定型选用外，一般需按设计及施工要求进行专项设计，对其设计方案及制作质量的控制及验收应作为重点进行控制。

按现行施工管理制度要求，对于工程所用的施工机械、模板、脚手架，特别是危险性较大的现场安装的起重机械设备，不仅要对其设计安装进行审批，而且安装完毕交付使用前还必须经专业管理部门验收，合格后方可使用。同时，在使用过程中尚需落实相应的管理制度，以确保其可以安全正常使用。

⑥ 施工环境的控制。环境因素主要包括地质水文状况，气象变化及其他不可抗力因素，以及施工现场的通风、照明、安全卫生防护实施等劳动作业环境等内容。环境因素对工程施工的影响一般难以避免，要消除其对施工质量的不利影响，主要是采取预测、预防的控制方法。

对地质水文等方面的影响因素的控制，应根据设计要求，分析地基、地质资料，预测不利因素，并会同设计等方面采取相应的措施，如降水、排水加固等技术控制方案。

对天气气象方面的不利条件，应在施工方案中制订专项施工方案，明确施工措施，落实人员、器材等方面各项准备以紧急应对，从而控制其对工程质量的不利影响。

对环境因素造成的施工中断，往往也会对工程质量造成不利影响，必须通过加强管理、调整计划等措施加以控制。

(4) 施工作业过程的质量控制

① 建设工程项目是由一系列相互关联、相互制约的作业过程（工序）所构成的，控制工程项目施工过程的质量，必须控制全部作业过程，即各道工序的施工质量。

② 施工作业过程质量控制的基本程序，主要包括作业技术要领、质量标准、施工依据、与前后工序的关系等。

检查施工工序、程序的合理性、科学性，防止工序流程错误，导致工序质量失控。检查内容包括施工总体流程和具体施工作业的先后顺序，在正常的情况下，要坚持先准备后施工、先深后浅、先土建后安装、先验收后交工等。

检查工序施工中人员操作程序、操作质量是否符合质量规程要求。

检查工序施工中产品的质量，即工序质量、分项工程质量。

对工序质量符合要求的中间产品（分项工程）及时进行工序验收或隐蔽工程验收。质量合格的工序经验收后可进入下道工序施工，未经验收合格的工序，不得进入下道工序施工。

③ 施工工序质量控制要求。工序质量不仅是施工质量的基础，也是施工顺利进行的关键。为达到对工序质量控制的效果，在工序管理方面应做到以下几点。

第一，贯彻以预防为主的基本要求，设置工序质量检查点，对材料质量状况、工具设备状况、施工程序、关键操作、安全条件、新材料新工艺应用、常见质量通病，甚至包括操作者的行为等影响因素列为控制点作为重点检查项目进行预控。

第二，落实工序操作质量巡查、抽查及重要部位跟踪检查等方法，及时掌握施工质量总体状况；对工序产品、分项工程的检查应按标准要求进行目测、实测及抽样试验的程序，做好原始记录，经数据分析后，及时作出合格或不合格的判断。

第三，对合格工序产品应及时提交监理进行隐蔽工程验收；完善管理过程的各项检查记录、检测及验收资料，以作为工程质量验收的依据，为工程质量分析提供可追溯的依据。

## 第三节　水利水电工程质量问题分析处理实务

### 一、工程质量事故原因分析

#### （一）质量事故原因

1. 质量事故原因要素

质量事故的发生往往是由多种因素构成的，其中最基本的因素有人、材料、机械、工艺和环境。人的因素包括知识、技能、经验和行为特点等；材料和机械的因素更为复杂和繁多，如建筑材料、施工机械等存在千差万别；事故的发生也总和工艺及环境紧密相关，如自然环境、施工工艺、施工条件、各级管理机构状况等。由于工程建设往往涉及设计、施工、监理和使用管理等许多单位或部门，分析质量事故时，必须对这些基本因素以及它们之间的关系进行具体的分析探讨，找出引起事故的一个或几个具体原因。

2. 引发事故的直接与间接原因

引发质量事故的原因，常可分为直接原因和间接原因两类。

直接原因主要有人的行为不规范和材料、机械的不符合规定状态。例如，设计人员不遵照国家规范设计、施工人员违反规程作业等，都属于行为不规范。如云南省某水电工程，在高边坡处理时，设计者没有充分考虑到地质条件，对明显的节理裂缝重视不够，没有考虑工程措施，以致在基坑开挖时，高边坡大滑坡，造成重大质量事故，致使该工程推迟一年多发电，花费质量事故处理费用上亿元。

(1) 施工人员的问题

① 施工技术人员数量不足、素质不高，技术业务素质不高或使用不当。

② 施工操作人员培训不够，对持证上岗的岗位控制不严，违章操作。

(2) 建筑材料及制品不合格

不合格工程材料、半成品、构配件或建筑制品的使用，必然导致质量事故或留下质量隐患。

① 水泥：安定性不合格；强度不足；水泥受潮或混用。

② 钢材：强度不合格；化学成分不合格；可焊性不合格。

③ 砂石料：岩性不良；粒径、级配与含泥量不合格；有害杂质含量多。

④ 外加剂：外加剂本身不合格；混凝土和砂浆中掺用外加剂不当。

(3) 施工方法

施工方法的问题主要有以下几方面。

① 不按图施工。例如，无图施工；图纸不经审查就施工；不熟悉图纸，仓促施工；不了解设计意图，盲目施工；未经设计或监理同意，擅自修改设计。

② 施工方案和技术措施不当。这方面的主要表现：施工方案考虑不周；技术措施不当；缺少可行的季节性施工措施；不认真贯彻执行施工组织设计。

(4) 环境因素影响

环境因素影响主要有以下几方面。

① 施工项目周期长、露天作业多，受自然条件影响大，地质、台风、暴雨等都能造成重大的质量事故，施工中应特别重视，采取有效措施予以预防。

② 施工技术管理制度不完善。没有建立完善的各级技术责任制；主要技术工作无明确的管理制度；技术交底不认真且不作书面记录或交底不清。

### (二) 成因分析方法

由于影响工程质量的因素较多，一个工程质量问题的实际发生，既可能因设计计算和施工图纸中存在错误，又可能因施工中出现不合格或质量问题，还可能因使用不当，或者由于设计、施工甚至使用、管理、社会体制等多种原因的复合作用。要分析究竟是哪种原因所引起，必须对质量问题的特征表现，以及其在施工中和使用中所处的实际情况和条件进行具体分析。分析方法很多，但其基本步骤和要领可概括如下。

1. 基本步骤

（1）进行细致的现场调查研究，观察记录全部实况，充分了解与掌握引发质量问题的现象和特征。

（2）收集调查与质量问题有关的全部设计和施工资料，分析摸清工程在施工或使用过程中所处的环境及面临的各种条件和情况。

（3）找出可能产生质量问题的所有因素。

（4）分析、比较和判断，找出最可能造成质量问题的原因，进行必要的计算分析或模拟试验，予以论证确认。

2. 分析要领

分析要领的方法是逻辑推理法，其基本原理如下。

（1）确定质量问题的初始点，即所谓原点，它是一系列独立原因集合起来形成的爆发点。因其能够反映出质量问题的直接原因，所以在分析过程中具有关键性作用。

（2）围绕原点对现场各种现象和特征进行分析，区别导致同类质量问题的不同原因，逐步揭示质量问题萌生、发展和最终形成的过程。

（3）综合考虑原因的复杂性，确定诱发质量问题的起源点，即真正原因。工程质量问题原因分析，是对一堆模糊不清的事物和现象进行客观的反映，它的准确性和监理人的能力学识、经验与态度有极大关系，其结果不单是简单的信息描述，还是逻辑推理的产物，其推理可用于工程质量的事前控制。

## 二、工程质量事故分析处理程序与方法

### （一）质量事故分析的重要性

质量事故分析的重要性表现在以下几个方面。

（1）防止事故的恶化。例如，在施工中发现现浇的混凝土梁强度不足，就应引起重视，如尚未拆模，则应考虑何时拆模，拆模时应采取何种补救措施。又如，在坝基开挖中，若发现钻孔已进入坝基保护层，此时就应注意到，若按照这种情况装药爆破可能会对坝基质量产生影响，并及早采取适当的补救措施。

(2) 创造正常的施工条件。如发现金属结构预埋件偏位较大，影响了后续工程的施工，必须及时分析与处理后方可继续施工，以保证工程质量。

(3) 排除隐患。如在坝基开挖中，由于保护层开挖方法不当，设计开挖面岩层破碎，给坝基的稳定性留下隐患。发现这些问题后，应及时进行详细的分析，查明原因，并采取适当的措施，排除这些隐患。

(4) 总结经验教训，预防事故再次发生。如大体积混凝土施工，出现深层裂缝是较普遍的质量事故，应及时总结经验教训，杜绝这类事故的发生。

(5) 减少损失。对质量事故进行及时分析，可以防止事故的持续恶化，及时创造正常的施工秩序，并排除隐患以减少损失。此外，正确分析事故，查清事故的原因，可为合理地处理事故提供依据，达到尽量减少事故损失的目的。

### (二) 工程质量事故分析处理程序

#### 1. 下达停工指示

事故发生后，施工单位要严格保护现场，采取有效措施抢救人员和财产，防止事故扩大。由于抢救人员、疏导交通等原因需移动现场物件时，应当作出标志、绘制现场简图并作出书面记录，妥善保管现场重要痕迹、物证，并进行拍照或录像。

发生 (发现) 较大、重大和特大质量事故，事故单位要在 48 小时内向有关单位写出书面报告；发生突发性事故，事故单位要在 4 小时内向有关单位报告。这是质量事故的基本报告制度。

发生质量事故后，项目法人必须将事故的简要情况向项目主管部门报告。项目主管部门接到事故报告后，按照管理权限向上级行政主管部门报告。

一般质量事故向项目主管部门报告，较大质量事故应逐级向省级水利行政主管部门或流域机构报告，重大质量事故应逐级向省级水利行政主管部门或流域机构报告并抄报水利部，特大质量事故应逐级向水利部和有关部门报告。

事故报告应当包括以下内容。

(1) 工程名称、建设规模、建设地点、工期、项目法人、主管部门及负责人电话。

(2) 事故发生的时间、地点、工程部位以及相应的参建单位名称。

(3) 事故发生的简要经过、伤亡人数和直接经济损失的初步估计。

(4) 事故发生原因初步分析。

(5) 事故发生后采取的措施及事故控制情况。

(6) 事故报告单位、负责人及联系方式。

有关单位接到事故报告后，必须采取有效措施，防止事故扩大，并立即按照管理权限向上级部门报告或组织事故调查。

2. 事故调查

发生质量事故，要按照规定的管理权限组织调查组进行调查，查明事故原因，提出处理意见，提交事故调查报告。

一般质量事故由项目法人组织设计、施工、监理等单位进行调查，调查结果报项目主管部门核备。

较大质量事故由项目主管部门组织调查组进行调查，调查结果报上级主管部门批准并报省级水利行政主管部门核备。

重大质量事故由省级以上水利行政主管部门组织调查组进行调查，调查结果报水利部核备。

特大质量事故由水利部组织调查。

事故调查组的主要任务如下。

(1) 查明事故发生的原因、过程、财产损失情况和对后续工程的影响。

(2) 组织专家进行技术鉴定。

(3) 查明事故的责任单位和主要责任者应负的责任。

(4) 提出工程处理和采取措施的建议。

(5) 提出对责任单位和责任者的处理建议。

(6) 提交事故调查报告。

事故调查组提交的调查报告经主持单位同意后，调查工作即告结束。

3. 事故处理

发生质量事故，必须针对事故原因提出工程处理方案，经有关单位审定后实施。

一般质量事故，由项目法人负责组织有关单位制订处理方案并实施，报上级主管部门备案。

较大质量事故，由项目法人负责组织有关单位制订处理方案，经上级主管部门审定后实施，报省级水利行政主管部门或流域机构备案。

重大质量事故，由项目法人负责组织有关单位提出处理方案，征得事故调查组意见后，报省级水利行政主管部门或流域机构审定后实施。

特大质量事故，由项目法人负责组织有关单位提出处理方案，征得事故调查组意见后，报省级水利行政主管部门或流域机构审定后实施，并报水利部备案。

事故处理需要进行设计变更的，需原设计单位或有资质的单位提出设计变更方案。需要进行重大设计变更的，必须经原设计审批部门审定后实施。

4. 检查验收

事故处理完成后，必须按照管理权限经过质量评定与验收后，方可投入使用或进入下一阶段施工。

5. 下达“复工通知”

事故处理经过评定和验收后，由总监理工程师下达“复工通知”。

### (三) 工程质量事故处理的依据和原则

1. 工程质量事故处理的依据

进行工程质量事故处理的主要依据有以下几个方面：(1) 质量事故的实况资料。(2) 具有法律效力的，得到有关当事各方认可的工程承包合同、设计委托合同、材料或设备购销合同以及监理合同或分包合同等的合同文件。(3) 有关的技术文件、档案。(4) 相关的建设法规。

在以上几方面的依据中，前三种是与特定的工程项目密切相关的具有特定性质的依据。第四种法规性依据，是具有很高权威性、约束性、通用性和普遍性的依据，因而它在质量事故的处理事务中，具有极其重要的作用。

2. 工程质量事故处理原则

因质量事故造成人身伤亡的，还应遵从国家和水利部伤亡事故处理的有关规定。

发生质量事故，必须坚持“事故原因不查清楚不放过、主要事故责任者和职工未受到教育不放过、补救和防范措施不落实不放过”的原则，认真调查事故原因，研究处理措施，查明事故责任，做好事故处理工作。

由质量事故而造成的损失费用，坚持“谁该承担事故责任，由谁负责”的原则。质量事故的责任者大致为：施工承包人、设计单位、监理单位和发包人。

质量事故若是施工承包人的责任，则事故分析和处理中发生的费用完全由施工承包人自己负责。施工质量事故责任者若非施工承包人，则质量事故分析和处理中发生的费用不能由施工承包人承担，而施工承包人可向发包人提出索赔。若是设计单位或监理单位的责任，应按照设计合同或监理委托合同的有关条款，对责任者按情况给予必要的处理。

事故调查费用暂由项目法人垫付，待查清责任后，由责任方偿还。

# 第三章　水利水电工程项目管理与合同管理

## 第一节　水利水电工程项目管理

### 一、水利水电工程管理概述

水利水电工程作为我国重要的民生项目，在确保我国社会经济的健康运行与人们生活与生产的正常开展中发挥着重要作用，所以要不断提升水利水电工程的质量。

#### （一）完善水利水电工程管理体系

要积极完善水利水电工程的管理体系，确保在建设前、中、后三个阶段进行精细化、信息化与现代化的管理，对工程从设计、施工、后期的验收与维护都要通过制度予以确认，确保工作人员能够严格遵守管理制度，保证水利水电工程的有序进行，确保在建成之后满足人们的实际需求。

#### （二）提升经营管理水平

当完成对水利水电工程的建设之后，就要充分发挥其实际作用，要不断提升经营管理水平，确保水利水电工程在运行过程中能够减少能耗、为我国的社会经济发展提供更加充实的保障，同时也要制定切实可行的经营管理方案，对工程建设的成本进行合理估算，在保证建设质量的基础上，合理控制成本，从而实现工程项目的经济效益。

#### （三）加强工程建设部门的协作

在水利水电工程的建设与运行过程中需要不同部门与专业的相互协调，以保证项目工程的有序进行，并且在建成之后要不断加强工程建设部门的协作，对不同部门与工作人员的职责进行落实，保证每个部门与工作人员都能发挥自身作用，确保水利水电工程的设计、施工、管理与后期的运行都能在不同部门的协作下完成，从而实现对资源的合理配置，提升管理效率，减少项目工程发生的安全与质量问题。

### （四）正确树立“新理念”

在水利水电工程的建设过程中，水资源的分布情况是十分重要的项目，但是由于水资源是不可再生资源，对建设部门有很大的考验，也是考验项目单位智慧的时候。要在良性循环发展机制的完善与执行下，在设计与施工过程中将绿色、低碳与环保进行合理融入，优化对水资源的合理配置，实现水电资源的循环再利用，从而减少对能源的消耗与浪费，实现水利水电工程的可持续发展。

### （五）保护水利水电工程的生态安全

在以往的水利水电工程建设中，部分工程对当地的生态环境造成了极大损害，降低了水利水电工程的实际价值，造成了不可挽回的经济与环境损失。因此，要对以下两个方面的内容进行合理控制：第一，合理设计与控制水利水电工程的建设规模，在建设过程中要减少对环境造成的污染与破坏，保证当地的生态环境与生活多样性的完好；第二，在水利水电工程建设前一定要做好环境评估工作，对当地的自然环境、生物分布情况等都要进行调查与分析，制定合理的生态安全保护方案，减少对生态环境造成的损害。

### （六）规范工程建设的技术和流程

在对水利水电工程建设过程进行指导时，一定要对工程建设的技术和流程进行规范，提升建设的质量与效率，减少建设过程中出现的安全与质量问题。第一，施工单位在建设过程中要合理选择施工技术，确保技术的安全与可靠，保证施工的每一个环节与细节的质量得到有效控制；第二，加大对施工材料的严格控制，要对材料的采购过程进行控制，并且要加大对材料的检测力度，确保材料符合相关标准；第三，加大对工程建设的监管力度，保证施工人员对施工工艺及技术进行严格的掌握与应用，以提高工程项目的质量。

在水利水电工程建设过程中，要有效提升工程管理质量与效率，减少在工程建设过程中出现的安全与质量问题，实现水利水电工程的经济效益与社会效益。同时，要充分发挥工作人员的自主能动性，减少对环境的破坏，实现对水利水电工程的现代化、精细化管理，从而实现水利水电事业的可持续发展。

## 二、加强水利水电施工项目管理

水利水电工程施工项目管理主要是根据水利水电施工工程特点，依据水利水电建筑施工企业经营的环境，以实现水利水电工程项目合同和企业综合效益为最终目标，根据项目的特点，对所承建的水利水电施工工程项目进行全过程和全方位的计划、组织、协调、控制的一种科学项目管理方法。水利水电施工项目管理仅是项目管理的一个分支，它的管理对象是水利水电施工项目，管理人是水利水电建筑施工相关企业。

水利水电工程项目施工是十分复杂的系统工程，施工过程中包含各种危险因素，具有工程参与人员众多，设备复杂，工序要求高等特点，有的水利水电工程甚至还涉及各类特种作业。以上这些特点决定了项目安全管理措施的重要性，决定了水利水电施工企业必须将项目安全管理贯穿于工程项目管理之中。因此，水利水电工程的项目安全管理工作很重要，必须引起重视，否则将会造成十分严重的后果。

### (一) 水利水电工程施工项目管理的基本特点

水利水电工程施工项目管理主要具有以下几个方面的基本特点。

1. 水利水电工程施工项目的管理者通常是水电建筑施工企业

建设单位和设计单位不进行严格的施工项目管理。一般来讲，水利水电工程施工企业也不委托专业咨询公司进行管理。建设单位或监理单位进行管理时所牵扯的施工阶段管理，严格意义上不能作为水利水电施工项目管理。部分单位的监理单位把水利水电施工企业看成监督对象，这虽与施工项目管理有关，但还不能算作施工项目管理。

2. 水利水电工程施工项目管理要求动态管理

水利水电工程施工项目要按施工程序进行，自始至终要经过较长时间。施工前、地基施工、结构施工等管理的内容差异较大，因此，管理者必须对此进行有针对性的动态管理，并使资源适配达到最优，以提高水利水电施工效率。

3. 水利水电工程施工项目管理需要对任务进行分工

由于水利水电工程施工项目生产活动的广泛性，参与施工的人员流动较大，需要采取特殊工程部形式，因此，水利水电工程施工项目管理中的组织协调工作最为困难，只有通过强化组织协调，才能确保施工整体顺利进行。

### (二) 项目安全管理落实

1. 项目现场施工前要保障监理人员素质

选好现场各级监理人员，是保证工程施工质量的重中之重。要不折不扣落实各级人员的安全责任制，坚持“谁主管、谁负责”的原则，建立各级人员安全保证体系和各级人员安全监督体系，每一级监理人员必须尽到责任并做好安全管理工作。每级人员都要逐级负责，以确保项目施工现场全员接受应有的安全工作规程、规定、制度和各工序相应的安全知识、项目安全措施和职业安全健康管理体系、环境保护知识的教育与培训。

2. 项目现场施工要合理控制管理风险

在项目施工现场，要认真治理各项目的违规活动，总结分析违章现象，查找违章根源。任何施工人员进入施工现场，都要按有关的规章制度办事，任何人不得违章指挥、违章作业。在这期间，现场负责人一定要敏捷果断，使一切的工作行为都在自己的有效控制之内。同时，加强监督工作，对于重要项目工程，要落实专人监管。

加强项目施工现场突发事件应急管理工作，事先应按规范要求编制应急现场处置方案，同时要求项目现场施工人员要有提高处理突发事件应变的能力。在生产和施工过程中，有时不可能按照原先制订的计划进行，可能会发生意外情况。绝不能让偶然因素干扰正常施工，更不能让突发情况给安全生产带来威胁。

3. 项目施工过程要防止生产事故

尽管项目施工过程中工作量会逐步减少，但在安全管理上一点都不能放松。只有在作业过程中严把安全管理关，并贯穿于整个施工过程，才能真正做到安全管理工作善始善终。如以变电施工为例，要切实做好扩建、技改工程重大危险施工项目清单，在作业过程中要按照施工环节列出相应的重大危险施工项目，对下一阶段的安全风险进行分析预判，分级落实管控措施，全过程监控到位。作业过程中对自备、分包单位或租赁机械在内的所有大型施工机械，要严格要求执行相关操作规程，建立项目施工机械及各类器具的动态管理制度。特别要对分包单位施工机械严格检查把关，加强对施工机械设备的强制性保养、维护，以确保工况良好。

作为项目现场负责人，必须头脑冷静，要做到临危不乱，对每项工作都要注意分工上的合理性、施工上的安全性、任务上的计划性。要合理安排人员工作，合理安排作息时间，做到有张有弛，劳逸结合，均衡施工。

4. 水利水电工程施工项目管理的内容研究

水利水电工程施工工程项目管理的性质决定了在施工项目管理的整体过程中，为了达到最优的项目管理效益，在进行具体活动的过程中，要加强管理工作。需要指出的是，水利水电工程施工项目管理的主体是项目经理部，管理的客体是每个具体的施工任务过程。水利水电施工项目管理的内容需包括以下 9 个方面。

(1) 建立水利水电工程施工项目管理部

由水利水电建筑施工企业管理层选择合格的项目经理，同时配备相应的具体决策机构，根据水利水电项目要求，赋予相应的政策管理权限，以保障项目部协调工作的有效进行。

（2）编制水利水电工程施工项目管理规划

水利水电施工项目管理规划，主要是对项目管理各个步骤进行预测和决策，并作出相应安排的项目文件。水利水电施工项目管理规划的内容主要如下：一是对整个项目进行工程项目细节分解，以便形成施工对象分解体系，进而确定每个阶段的控制目标。二是通过制定相应的水电施工日常项目管理工作信息流程图，建立水利水电施工项目日常管理任务。三是为了保障重要管理工作有序进行，还要编写水利水电施工管理整体规划方案。

（3）进行水利水电工程施工项目的目标控制。

实现各项目标是项目管理的关键目的，所以需要坚持以控制论原理和理论为指导，对项目全过程进行有效控制。通常水利水电施工项目的控制目标有日常进度控制目标、工程质量控制目标等。不过，在水利水电施工项目目标的控制过程中，通常会受到各种因素的干扰，各种风险因素也会随时发生，所以还要组织有效协调和风险管理，对水利水电施工项目目标进行动态实时控制。

（4）对水利水电工程施工项目生产要素进行动态管理

施工项目生产要素是项目目标得以实现的保证。生产要素主要包括人力资源、材料、施工设备、项目资金和施工技术等。生产要素管理的内容还包括分析各项要素的特点；按照原则、方法对施工项目生产要素进行配置，并对配置状况进行相关评价。

（5）对水利水电工程施工项目的组织协调

组织协调工作是为上述目标控制服务的，内容有人际协调、组织协调、供求关系协调和约束关系协调等，这些协调工作主要发生在水利水电工程施工项目内部、项目管理组织与其外部相关人事之间。

（6）对水利水电工程施工项目的合同管理

合同管理则是以实现合同最终目标的最大化效益为目标的管理活动。必须建立相对完善的合同管理体系，并将合同管理融入水利水电施工项目整个过程。

（7）对水利水电工程施工项目实现信息管理

当前，水利水电施工阶段的项目阶段包含大量的信息，需要在大量信息中提取有用信息，合理进行选择提取，然后对其进行合理规划，有序进行。同时，在提取信息的过程中可以依靠相关的电子设备，如微型计算机等辅助设备。

（8）对水利水电工程施工项目管理总结

从现代管理的循环原理来看，管理的总结阶段是对项目管理的整个流程进行梳理、整理，这既能吸取前期的项目管理经验，又是进行项目管理的相关信息来源。

(9) 施工过程中的后勤管理

① 安全教育。随着我国经济水平的持续发展，人民的生活水平也水涨船高，曾经那些安全意识淡薄的建筑业从业人员的安全意识也在逐年增强，在施工过程中对安全性的要求也越来越高。作为项目经理，在项目施工过程中必须把“安全第一”作为项目的建设之本，树立“预防为主、安全生产”的主体思想。项目部要以项目经理为首建立安全生产督导机构，建立健全安全生产的各项规章制度和奖惩措施。坚持每周一次安全生产教育，并和所有施工人员签订《安全生产责任书》，并参加“安全施工、人人参与”等活动。

② 后勤保障。水利水电项目大部分远离市区和城镇，这给施工人员的生活和就医带来了巨大的不便。作为项目部门，要根据施工人员食物需求量大、受伤率高等特点，成立专门的后勤服务部门，开办伙食团、医务室、小卖部等服务部门，并统一采购新鲜、合格的食品以及正宗的药品。在生活方面，伙食团要确保施工人员一天三顿有热饭吃、有热水喝，食堂采购人员所采购的食物必须新鲜且有营养。在医疗方面，医务室的医生必须有职业资格和良好的职业道德。

③ 施工环境的管理。水利水电工程的施工环境异常复杂，恶劣的环境对我国水利水电建设的进度和质量都有较大的影响，甚至是破坏，其中暴雨、洪水、大雪等季节性环境都将影响到施工工程的质量。要建设高质量的工程项目，项目部应该和当地气象部门取得联系，或者收看当地的天气预报，及时了解当地的气候变化情况，从而及时采取有效的方法，合理地安排施工队进行高质量的施工作业。

水利水电施工企业对项目的管理，是一项十分复杂而又艰巨的工作，因为在项目施工过程中，不但工程量巨大，施工人员众多，而且未知因素也比比皆是。所以，水利水电施工企业在对项目的管理过程中，要采用先进的理念和现代化的技术，协调和控制好施工过程中各种要素的运用，使工程建设高质量、高标准地完成。

## 第二节　水利水电工程合同管理

### 一、水利水电工程施工的合同管理

在水利水电工程施工过程中，合同管理是工程项目建设管理的重要组成部分。随着我国市场经济的高速发展，在水利工程建设施工合同管理方面也存在着许多问题，本节从水利施工合同管理的概念及作用出发，提出相关建议。

### （一）水利施工合同管理的概念

合同管理是建设工程项目的重要内容之一。水利施工合同管理是指各级工商行政管理机关、水利行政主管部门以及工程各参与方，包括发包人（建设单位）、监理单位、勘察设计单位、施工单位、材料设备供应单位等，依据合同、法律法规、规章制度、技术标准等，对合同关系进行组织、指导、协调及监督，保护合同当事人的合法权益，处理施工合同纠纷，防止违约行为，保障合同按约定履行实现合同目标的一系列活动，既包括各级工商行政管理机关、水利行政主管部门对水利工程合同进行的宏观管理，也包括合同当事人对合同进行的微观管理。

### （二）合同管理的作用

施工合同作为约束发包方和承包方权利和义务的依据，合同管理的作用主要体现在以下几个方面：一是促使施工合同的双方在相互平等、诚信的基础上依法签订切实可行的合同；二是有利于合同双方在合同执行过程中进行相互监督，以确保合同顺利实施；三是合同中明确地规定双方具体的权利与义务，通过合同管理确保合同双方严格执行；四是通过合同管理，增强合同双方履行合同的自觉性，调动建设各方的积极性，使合同双方自觉遵守法律规定，共同维护当事人双方的合法权益。

在水利工程项目建设过程中，每一个阶段都融合了合同管理工作，合同管理是项目管理的核心，作为其他管理工作的指南，对整个工程建设的实施起总控与总保证的作用。

### （三）合同管理的特点

1. 工程建设合同管理持续时间长

合同的形成是一个渐进的过程，合同的履行是一个持续的过程，因此，合同管理必然在项目生命周期内长时间连续地、不间断地进行。它不仅包括施工期，而且包括招标投标和合同谈判以及保修期，所以一般至少 1 ~ 2 年，长的可达 5 年或更长的时间。

2. 合同管理对工程经济效益影响很大

由于工程项目规模大，合同价格高，合同管理对经济效益影响很大。据统计，对于正常的工程，合同管理成功和失误对经济效益产生的影响之差能达到工程造价的 20%。

3. 合同管理必须实行动态管理

由于合同的形成和履行是一个逐步磨合的过程，特别是在合同履行过程中内外的干扰事件较多，合同变更也较多，合同实施必须按照变化的情况不断地调整，这就要求合同管理必须是动态的，在合同实施过程中，合同控制和合同变更管理显得极为重要。

4. 合同管理影响因素多，风险大

现代工程项目的复杂性，使得合同关系、合同条件、合同的权利和义务的定义、合同实施过程愈加复杂，要完整地履行一个合同，就必须完成几百个甚至几千个相关的合同事件。另外，工程实施时间长、涉及面广，合同管理受外界环境的影响较大，并且许多因素难以预测，不能控制，都会妨碍合同的正常实施，造成经济损失。因此，影响合同管理的因素既存在于项目本身的微观环境，也存在于项目外部的宏观环境；既涉及合同的当事人双方，也牵扯到第三方。这样大量、复杂因素的存在，使合同管理极为复杂、烦琐，也充满风险。因此，在合同形成和执行过程中，合同风险管理至为重要。

### （四）加强合同管理的建议

增强合同风险防范意识，依法进行合同管理，在工程承包施工中，没有风险的合同是绝对没有的，水利水电施工工程更是如此。过去，水利水电施工企业在合同谈判和签订中，由于合同风险防范意识不强，对合同条款分析、审核不严，掉入一些合同陷阱，给企业造成了难以挽回的损失。为此，必须增强合同风险防范意识。

目前，我国建设行业法律法规越来越完备，尤其是《中华人民共和国招标投标法》《中华人民共和国合同法》的颁布实施，对工程招标及合同管理提出了具体要求，各行各业也根据国家法律制定了有关条例。因此，合同当事人在签订合同时应当认真阅读有关法律法规，并对所签合同的标的、计量标准、质量要求、价款支付方式、合同履行期限、地点、违约责任以及合同条文的释疑等内容，应作出明确具体的解释，防止出现歧义，提高合同的严密性和可操作性。

增强合同履约过程控制意识，督促合同双方自觉履行合同，合同一旦正式签订，双方就要全面地、实际地履行合同规定的条款。这不仅是合同履行的基本原则，也是当事人双方全面地、实际履行合同中的约定义务。在合同执行过程中，承包商应正确地全面履行义务，关键是要认真组织实施。

由于水利工程涉及勘测设计、工程建设、咨询等方方面面，合同种类繁多数量较大，建立合理、清晰的合同管理台账尤为重要。由计划合同处建立以合同编号为核心的管理台账，通过台账可以随时掌握某工程合同的执行情况，还可以时时掌握整个工程概算执行情况，为工程控制提供实时资料。

在合同执行过程中，主管部门及建设单位应定期检查合同执行情况，并建立完善的合同检查考核制度。对合同执行过程中出现的偏差问题，认真进行分析、纠正，对随意违反合同条款的行为要认真查处，使合同管理步入正规化、规范化管理渠道，防止因合同违规而造成不良后果。

提高合同管理人员的素质。一切管理工作的实施都是以人为本的，施工合同管理如果没有合同管理人员和全员的参与、主动配合就无从谈起，合同管理人员能动性的发挥和素质的高低极大地制约着合同管理的绩效。如何将两者有效地结合起来，最大限度地发挥人的主观能动性，降低企业成本，使企业利益最大化，是施工项目合同管理中的重要课题。过去，一部分合同管理人员综合素质低，缺乏必要的理论知识、实践经验和管理能力，管理知识、技术水平未达到应有的要求，是制约合同管理水平提高的重要因素，加之企业对项目合同管理重视不够，致使项目合同管理处于低水平状态。为此，首先，要求项目经理要有较高的综合素质，他不但应有较高的政治素质、领导素质、身体素质，还应具备一定的专业素质和实践经验，要高度重视、熟悉、了解合同条款和执行情况，要能够把握索赔时机。其次，合同管理人员应积极参与合同管理体系，从投标报价开始，直到合同终止的全过程对项目进行预测、计划、分析、核算和控制，建成施工项目合同管理的一整套网络体系，进行全过程管理。

选择好的监理队伍是做好合同管理的重要保证。监理工程师是联系建设方和承包方的重要纽带，在合同管理中起着举足轻重的作用，高素质的监理工程师能够公平、诚信地处理合同执行过程中遇到的实际问题，对工程项目实施有较好的预见性，能够给工程建设创造一个宽松良好的环境，可以确保工程建设顺利实施。

## 二、水利水电工程项目监理中的合同管理

在水利水电工程施工监理过程中，监理单位通常以质量、进度、投资 3 条控制主线开展监理工作，往往忽视作为管理基础和核心的合同管理工作，因而容易出现管理疏漏、失误，给合同各方造成不必要的损失。文章就监理过程中如何做好合同管理进行了探讨。

水利水电工程通常具有投资大、工期长、施工复杂等特点，施工监理单位作为受托对项目进行管理的机构，主要依据发、承包双方签订的施工合同对工程项目进行质量、进度、投资等控制，整个监理过程均应围绕合同管理为核心进行，然而，在实践中，监理机构通常以质量控制、进度控制和投资控制 3 条主线为核心目标开展现场监理工作，往往忽视最基本、最核心的合同管理工作。

监理过程中的施工合同管理是指监理单位作为独立的第三方，依照法律、法规及规章，以发、承包双方签订的施工合同为依据，对施工合同关系进行组织、指导、

协调及监督，保护施工合同双方当事人的合法权益，处理施工合同的纠纷，防止和减少违约行为，保证工程项目按照合同约定贯彻实施的一系列活动。

合同管理贯穿工程建设的全过程，是指导工程参建各方开展工程建设活动的基础和指南。广义而言，工程项目的全部实施和管理工作都可以纳入合同管理的范畴，其中，质量、进度、投资“三控制”是合同管理的主要内容，但不是全部。形象地说，质量、进度、投资“三控制”为“线”，而合同管理为“面”，是工程项目监理工作的基础和核心。在工程施工监理过程中，重“线”而轻“面”，极易出现管理疏漏、失误，甚至损害合同当事人的合法权益，给其造成不必要的损失。

### （一）监理合同管理的重要性

施工合同是建设单位和施工单位签订的具有法律效力的重要文件，是建设工程的主要合同，是工程建设质量控制、进度控制、投资控制的主要依据，是明确发、承包双方在工程实施中的权利和义务，确定工期、质量目标及承包价格等的书面文件，在合同履行过程中对整个项目的实施起着总控制和总保证作用。因此，合同管理必然是工程监理工作的核心。可以说，离开合同就没有工程质量，也没有对进度与投资的管理。因此，建立以合同管理为核心的工程监理体系，是提高项目管理水平的重要途径。

### （二）监理合同管理的主要内容

按照时间顺序，监理过程中合同管理工作主要分为施工准备和施工实施两个阶段。

在施工准备阶段，监理单位应参与施工合同的制定和谈判，并依据合同约定对开工前承包人的施工准备情况、质量保证体系、进场施工设备、试验室条件进行检查，审批施工组织设计等技术方案和施工图纸的核查与签发等。同时，还应熟悉监理合同和施工合同等工程建设有关文件，充分了解自身的权利和义务，严格按照合同文件处理和解决问题。

在施工实施阶段，监理单位的主要工作是对质量、进度、投资进行控制，并对工程计量、计价、工程款支付进行审核，以及对工程施工过程中发生的各类违约、变更、索赔等进行审核处理，并组织验收、结算等工作。

### （三）对如何做好合同管理工作的几点看法

合同管理工作的好坏直接影响着投资、进度、质量控制，是建设工程监理方法体系中不可分割的组成部分，监理单位要做好合同管理，应当注意以下几个方面的问题。

第一，建立健全现场监理机构，配备相应合同管理人员。要做好现场监理工作，首要条件是建立健全现场监理机构，除了根据工程实际情况足额配备相应的专业监理工程师外，还应配备具有相应法律知识、高素质的合同管理人员，同时建立健全相关的规章制度。合同管理人员应当对建设工程合同实施登记、审查等监督管理，特别针对实施过程中出现的合同无台账的普遍问题，应加强改进，建立合同台账，并对台账进行定期的统计和检查。

第二，积极参与施工招标文件编制和施工合同谈判。监理单位积极参与施工招标文件编制和施工合同谈判，对了解签订合同双方和合同内容都有好处，也为今后的合同管理奠定了良好的基础，是掌握合同管理的最好办法。

施工招标应当具备的条件之一为监理单位已确定，因此，监理单位有条件也有义务参与工程施工招标和合同谈判活动。监理单位是具备相应资质、专业且有相应经验的单位，在前期积极参加招标文件编制和合同制定、谈判，尽可能地减少合同内容错、漏，力求合同全面、准确、严密并具有可操作性。这样既有利于合同的执行，又有利于监理单位实施合同管理，更可进一步减少合同履行过程中纠纷和争端的发生。

第三，增强法律和合同意识，熟悉和理解合同内容。根据有关规定，当合同内容与国家法律、法规相抵触时，应以国家法律、法规为准，即法律和法规效力高于合同。因此，增强监理人员的法律意识，学习并理解相关法律、法规，掌握法律、法规和合同之间的关系，是做好合同管理的基础。

第四，熟悉掌握并充分理解合同条款，这是监理工程师开展合同管理工作的前提。如果对合同不熟悉或理解不够透彻，往往会严重影响监理工作质量，甚至使监理工程陷入被动局面。因此，在现场监理机构成立后，应尽快组织监理人员认真学习、熟悉相关合同，充分了解合同双方的责任和义务，并认真分析合同内容风险，为全面开展监理工作做好充分的准备。

此外，由于施工合同涉及内容较多，无论合同制定得多么详细，都不可能全面预见和解决工程建设过程中出现的一切问题，在合同谈判、签订阶段也难免会出现疏漏、错误、不完善或者容易产生歧义的地方。在合同执行过程中如发现上述问题，监理单位应及时提醒和告知合同双方，及时组织对存在的合同问题进行研究分析，并促成合同双方通过补充协议或会议纪要等形式予以完善和补充，尽量避免和减少日后出现不必要的争议和纠纷。

第五，严格执行合同，督促和协调合同各方履行义务。监理与业主虽然是委托与被委托的关系，但其身份应为“独立、公正的第三方”。在监理活动中，监理单位应站在公正的立场，运用自己的专业知识与技能，科学地分析和处理施工中出现的问题，做到以法律为准绳、以合同为依据，根据监理合同赋予的权力，率先垂范、不偏不倚，在不违背国家法律、法规和合同的基础上，独立、公正地提出处理意见和决定，严格按合同约定处理工程监理事务。

工程建设合同详细规定双方所承担的责任、权利和义务，明确了合同双方的法律和经济关系，在合同履行过程中，合同双方都有权利用合同来维护自己正当合理的经济利益。在合同双方发生纠纷和争端时，可以通过协商、调解、仲裁等方式解决，但无论采用何种方式，都必须以合同规定的有关条款为依据。监理单位在工程建设过程中，应起到沟通桥梁的作用，督促和协调合同各方严格依据合同履行各自应尽的义务。

第六，及时、谨慎、正确处理变更、违约和索赔事项。由于水利水电工程施工工期长、地质情况复杂、施工条件多变，施工过程的动态规律必然会出现因设计调整、施工工序和方法改变、设备与材料价格波动等造成的一系列合同变更。合同项目变更往往会引起合同双方的争议，因此，监理单位应特别慎重对待合同变更问题。在变更情况发生后，监理单位应及时对变更事项进行审核认定，并督促施工单位及时对变更项目进行申报，同时做好变更基础资料的收集准备工作，按照合同约定原则及时审核处理变更事项，避免因申报、审核超过时效，原始依据收集不足难以溯源等原因带来不必要的争议和造成各方损失。

违约和索赔处理是工程建设合同管理的重要内容之一。在工程建设中，合同双方的经济利益目标是不同的，业主单位往往希望尽可能用更少的投资完成工程建设，而施工单位则会利用一切机会尽可能获得更多的报酬。虽然在国内工程建设中发生的工程索赔行为并不多见，遇到索赔事宜，合同双方会首先考虑用友好协商的办法，采取弥补的方式解决，但基于维护己方利益，当协商不成后，作为减少风险损失的最后手段，也会采取索赔方式。当索赔事项发生时，监理单位应该认真对待，不回避、不推迟，严格按照合同约定条款，有理有据地对索赔事项进行分析和判断，并及时作出审核意见。无论是发包方还是承包方的索赔，监理工程师都应该本着公平、公正、独立的原则予以处理。

第七，加强监理队伍自身建设，不断提高业务水平。建设监理制已经成为工程建设基本制度，法律赋予了监理工程师对工程项目施工进行质量、进度和投资控制及合同管理的职责。同时，工程建设监理本身也是一种委托服务的合同关系，能否服务好工程建设，能否让施工合同双方都满意，除了有一个良好宽松的社会环境，还必须有规范和过硬的业务能力，否则监理单位就难以在工程实施中树立威信，也难以让施工合同双方满意，更难以承担起法律赋予的建设监理的责任。因此，加强监理队伍自身建设必须从监理人员的思想素质、专业素质、道德水平等方面进行全方位培养和锻炼，这样才能够真正规范监理行为，才能管理好合同，服务好工程建设。

合同管理是监理的重要任务，是质量、进度、投资控制及其他管理工作的基础和核心。在工程监理过程中，监理单位应牢固树立合同的法治观念，加强建设工程项目的合同管理，严格按照合同约定，依法依规、科学有序地开展监理工作，只有这样才能确保工程在质量、进度、投资受控的情况下顺利实现工程项目的建设目标。

## 三、水利水电建筑工程招投标阶段合同管理

合同管理在水利水电建筑工程招投标阶段至关重要，能够直接影响到整体工程各部分的工作衔接与合作的开展。文章以此为出发点，首先，分析了水利水电建筑工程合同管理在招标投标中的作用；其次，研究分析了招标阶段合同管理存在的问题，包括招标与合同管理相脱节、招标文件的内容不够规范和细致、招投标机制仍需完善；最后，分析了加强水利水电建筑工程招投标阶段合理管理的措施，包括加强合同管理与招投标配合、规范和细化招投标文件的内容，健全和完善招投标配套制度体系。

招标和投标阶段的合同管理是关系到整体水利水电工程顺利进行的重要基础，工程各阶段的正常运作也需要完善合同管理，确保水利水电建筑工程各个合作主体之间相互协商订立合同，明确各主体在招标和投标等阶段必须履行的义务和合法权利，加强合同管理是提升工程合作合法性和完善强化保障的重要条件，通过研究和分析水利水电建筑工程招投标阶段合同管理，有利于充分发挥理论对实践的指导和支持作用。

### （一）水利水电建筑工程合同管理在招标投标中的作用及特点

#### 1. 水利水电建筑工程合同管理在招标投标中的作用

包括水利水电在内的建筑工程项目发展初期，由于招标及投标阶段的合同管理重视程度不足，导致后期工程项目建设遇到了很大问题。招标以及投标阶段的合同管理不仅是保障各项合同原始资料的完整性与确定性，而且需要将合同各项职责履行和权力行使与书面合同条款要求相配合，以此发挥合同的法律约束和指导作用。与此同时，合同管理也是为合同正式签订前期充分了解合同内容做准备，在工程建筑质量、建设成本及工期等方面都需要规范合同条款，确保在出现影响工程建设问题的情况下采取合理高效的解决对策。招投标工作需要以科学的合同管理为基础，调动各部门相互配合，合同管理也是为督促招标和投标主体积极履行义务、维护合同法律效力的重要体现。水利水电工程项目建设单位只有将招标投标各项工作与合同管理工作相结合，充分认识到合同管理的重要性，才能保障工程建设顺利开展，

保障项目开展的经济效益。

2. 工程项目合同特点

合同履约的方式具有连续性且周期相对较长的特点，经建设工程的特殊性而决定，因为建设工程项目达成是按部就班的，其履约方式具备渐进性与连续性。对项目管理相关人员依照合同与实际情况做有效管理提出了更高的要求，以此保障合同顺利履行。

(1) 条款多，内容庞杂

因为所有工程项目特殊性与制约因素，合同当中除通用条款以外，还包含专用条款、专利、保险税收等内容。签署合同的时候，一定要对各方因素综合考虑，避免造成不良后果。

(2) 合同具有多变性

项目实施过程当中常会遇到设计变更与合同条款修改，项目管理相关工作人员势必要加强变更管理，做好登记，为索赔、变更与终止合同提供参照依据。

经济法律的关系具有多元性，主要表现为合同签署与实施过程当中所涉及多方关系，建设方委派合同管理单位做施工管理，承包商还关系到专业分包的材料供应与设备加工，还有银行与保险诸多单位，关系非常复杂，该关系依据经济合同达成。

### (二) 水利水电建筑工程招标阶段合同管理存在的问题

招投标阶段的合同管理伴随着水利水电建筑工程的社会关注程度的提升已经不断完善，其重要性也开始被更多企业意识到。但就目前来说，招标阶段依然存在招标与合同管理相脱节的问题，部分企业随意更改招投标文件中已经明确规定和承诺的内容，严重违背了合同管理的基本准则要求。

1. 招标与合同管理相脱节

目前，我国大部分企业虽然已经意识到了合同管理的重要作用，但依然未能深入结合企业招投标工作实际制定科学的合同管理体系，合同管理与招投标工作处于脱节状态，单独的工作管理内容即使完成到位，也无法很好地对接和发挥合同管理应有的价值和意义。例如，部分水利水电工程建设招投标项目的合同制定条款细节不完善，部分重点条件和特殊情况下的合同条件未能清晰说明，导致招投标文件的承诺信息存在漏洞，这将会直接对下一步的合作共同意向达成和合同顺利签署产生影响，由于招标与合同管理相脱节很容易让企业付出不必要的代价。

2. 招标文件的内容不够规范和细致

结合我国当前水利水电建筑工程招标文件内容的整体情况来看，招标文件的编制工作多由专门的招投标代理机构执行，但碍于资质和专业性等诸多方面的综合影响，多数招投标代理机构只在该活动领域专业，而缺乏对水利水电工程技术要求和具体内容等方面的基础了解。如此，招投标文件内容受此影响普遍存在内容单一、缺乏专业性和深度等问题，对于后续合同的签订来说无疑会起到极其不良的阻碍作用。与此同时，水利水电工程合同管理过程也缺乏代理机构的积极参与，合同管理经验必然相对有限，招投标文件亦难免因受此影响而导致编制水平受限，甚至为合同签订的顺利性带来更多隐患。若合同内容有误或信息有所失真，那么其指导作用和权威性便会直接弱化，无论是合同变更抑或是索赔都会受到不良影响。

3. 招投标机制仍需完善

水利水电建筑工程招投标工作的完善，对于相关机制的依赖程度毋庸置疑。客观来讲，我国目前该行业领域的招投标工作管理制度已有了相对明显的整体化提升，包括文件的审查、程序的监管、主体资质的审核以及合同登记备案等，对于招投标工作实效性确实起到了很大程度上的促进作用，同时也在很大程度上降低了虚假招标或躲避招标等问题的发生率。然而，综观现有机制，依然存在着约束力不强等问题，致使行业一些不合规行为依然大范围存在，由此导致的结果多表现于对中标之后合同签订和责任履行的不匹配影响，更有甚者还可能因此而引发更为严重的法律纠纷问题。此外，还有部分工程结束之后远远偏离了招投标之前的预期，对于各主体利益的损害问题也就在所难免。

### （三）加强水利水电建筑工程招投标阶段合理管理的措施

1. 加强合同管理与招投标配合

合同管理是水利水电工程招投标工作的重要依据，为此，相关建筑工程有必要在招投标阶段拉动合同管理方面工作人员的大力参与，包括对招投标文件的审核与签订过程的控制等。与此同时，在整个招投标工作进程中，合同管理人员都应当起到应有的监管作用，通过对相关进程的密切跟进及时获取第一手资料，如此才能够确保合同内容的严谨性和真实性，为后续合同的签订提供更可靠的保障。然而，受到专业性的影响，要求招标代理机构相关人员全面了解招投标文件内容似乎不切实际，对于合同的审查也需要招投标项目负责人予以大力监管，并在此过程中严控各类问题的发生，对于一些合同安全隐患问题应当给予及时处理。尤其是招投标人员有必要在项目之后对其进行积极回访，通过合同约定条款的对比，检查项目建设实际过程中的具体执行效果，为有效评估的开展打好基础，并为今后招投标工作的开展积累更为丰富的经验。

2. 规范和细化招投标文件的内容

要想将招投标文件的内容进一步规范化和细致化，可以尝试推行示范文本。招投标文本的规范化编制在企业当中是关键性的工作内容，需要全面提升企业中专门负责招投标项目的编制人员专业水平和职业素养。规范化的招投标文件应该有明确的项目数量、项目须知、具体项目价格和实际的计算方式，项目涉及的技术方面需要有具体的技术评价标准及方法。招投标文件在编制过程中需要依据编制要求进行条款确认，有关于投标人的资质说明部分要求有证明文件，除此之外，水利水电工程项目当中的工程款项交易也需要细化到支付模式、价格确认方式，以及合作双方各自的权利和义务等。

3. 健全和完善招投标配套制度体系

水利水电工程项目建设过程中要想实现对招投标工作的高质量管理，必然需要以相关完善的制度建设作为必要基础，如此才能确保各项工作的开展有章可循。一方面，规范性文件体系需要被充分落实并全面推广应用，在此过程中依据实际情况加以动态性调整，确保招投标管理运作体系的完善性，使之能够具备基本的规范化和科学性，同时以此架构的统一化模式也有利于解决传统时期混乱管理所导致的政策出入问题。另一方面，要重点对招投标工作相关配套法律体系加以进一步完善。之所以水利水电工程项目招投标的一些问题难以有效避免，很多都是因为对此文件可操作性的错误判断，为了有效避免歧义或漏洞以使招投标工作的合规，即需要各主体与时俱进，扩大招投标平台的范围，致力于加大投入力度推动其信息化发展，并以此实现公开化管理，建立信用档案，加强全行业监管，加大力度打击招投标工作中的各类违法违规行为，净化行业环境风气。

综上所述，招标和投标阶段的合同管理是关系到整体水利水电工程顺利进行的重要基础，工程各阶段的正常运作也需要完善合同管理。目前，招投标阶段合同管理存在的问题包括招标与合同管理相脱节，招标文件的内容不够规范和细致，招投标机制仍需完善。对此需要加强合同管理与招投标配合，规范和细化招投标文件的内容，健全和完善招投标配套制度体系。通过研究和分析水利水电建筑工程招投标阶段合同管理，有利于充分发挥理论对实践的指导和支撑作用。

# 第四章 水利水电设计与信息管理

## 第一节 水利水电设计管理

### 一、水利水电勘测设计投标管理

(一) 投标人员的组成

不同于其他建筑施工企业的投标工作，水利水电工程的勘测设计工作属于技术密集型工作，为了有效提高中标率，就应该组建一支具有多种专业技能的投标班子。在做到低报价的同时，还应该充分体现本企业的技术实力、丰富的经验及良好的社会信誉，这就给水利水电勘测设计单位带来了巨大的挑战。为了迎接挑战，设计单位不仅应该有能力完成高难度的设计工作，而且应该具备现代化的管理模式，通过现代化的管理有效地降低设计成本，缩减设计周期，做到低报价。为了能在竞争激烈的投标活动中取胜，水利水电勘测设计单位应该组建一支专业的投标队伍，具体包括经营管理类人才、专业技术类人才以及商务金融类人才。

1. 经营管理类人才

经营管理类人才不仅应该具备较宽的知识面和丰富的工作经验，而且还要具备灵活的应变能力、交流能力、创新能力、预测能力和社会活动能力，只有这样，才有能力进行全面规划、整体安排，并且作出正确的决策。

2. 专业技术类人才

投标队伍里的专业技术类人才，应该具备最新的专业知识，具有丰富的勘测设计经验，投标过程中可以根据本企业及投标项目的实际情况来预测设计过程中可能遇到的技术难题，并制订合理的计划。

3. 商务金融类人才

目前，许多大型的水利水电勘测设计单位已经进入国际市场。在进行国际工程的投标过程中，商务金融类人才发挥着重要的作用，应具备保险、索赔、说法、金融等专业知识，财务人员也应具备外汇管理和计算、税收等方面的知识。

投标班子之间应通力合作，共同制订投标计划，重点发挥投标班子的能力水平，并在投标活动中不断积累经验、提升自身，进而使得投标工作顺利开展，提高中标率。

### （二）投标决策

为了提高企业的经济效益，水利水电勘测设计单位在投标过程中应充分考虑自身情况和投标项目，认真分析是否投标。确定投标后应该选择合理的投标策略，作出正确的投标决策。在收到水利水电勘测设计单位投标信息之后，设计单位应对该项目进行可行性研究，并对业主的情况以及其他投标单位进行详细的了解，并根据自身情况来确定是否投标，综合考虑自身与其他投标单位的情况，作出正确的决策，这对企业的经济效益有直接的影响。

水利水电勘测设计单位综合考虑决定投标之后，就应该做好相应的准备工作。首先，应在招标文件规定的时间内与招标方进行联系，报到并办好相关的手续。其次，投标队伍在业主的领导下进行施工现场的勘测工作，并进行相关资料的收集。最后，进行水利水电工程勘测设计投标书的编制工作。投标书的编制过程中应该充分展示本单位的优势，对投标项目的工程地质、施工进度，项目的开发方式、开发任务、机电设备及其自动化水平等内容进行详细的介绍，并且要对勘测设计中的工作重点和难点进行详细分析。对投标项目所采用的新技术、新材料进行探析，对投标项目的环境、技术以及经济因素进行分析论证，对如何提高设计质量以及进度保证措施进行详细介绍。招标方可以准确从上述几个方面了解本单位的优势，有效地提高中标率。

### （三）电子招标投标

电子招标投标是指通过计算机、网络等信息技术，对招标投标业务进行重新梳理，优化重组工作流程，在网络上执行在线招标、投标、开标、评标和监督监察等一系列业务操作，最终实现高效、专业、规范、安全、低成本的招标投标管理。

1. 提高采购效率，降低采购成本

电子化招标投标把项目的信息公告、招标投标文件、投标报价、评标、定标等过程放在信息网络上进行，基本上实现了招标投标全过程的电子化方式。

2. 降低招标投标腐败行为发生的可能性

加快推行电子招标投标，有利于减少人为因素的干扰，遏制弄虚作假行为，保证招标投标活动的公开、公平和公正，预防和减少腐败现象的发生。

3. 有利于构建统一的招标投标市场

电子招标平台公开发布招标信息、招标程序、评标办法和评标结果等内容，充分体现了公开、公平、公正的竞争原则，从而保证了网络平台的开放性。

### （四）水利水电勘测设计投标的认识和建议

1. 政府部门要严格规范市场准入条件

为了保证水利水电勘测设计投标工作的顺利开展，政府部门应该加强对投标单位进行控制，应严格遵守市场准入制度，对投标单位的资质进行认真审查。对有名无实的勘测设计单位进行清理，并且应根据投标单位的资质和等级来限制其经营范围。对于超过其承揽范围的情况，政府部门应强制制止。

2. 拒绝压价竞争

由于目前的水利水电勘测设计单位众多，业主的水平参差不齐，导致许多设计单位不严格按照国家相关规定的现行价格标准进行计费，使得投标过程中经常出现压价竞争现象。这就造成许多设计单位的发展受到阻碍，许多设计单位的权益受到侵害，并且严重影响水利水电勘测设计的质量，所以应该杜绝压价竞争。

3. 设计单位应转变经营机制，调整经营模式

目前的水利水电勘测设计单位的企业性质以事业单位为主，经营范围主要有勘察和设计两部分。随着市场经济的快速发展，目前的设计单位正在进行转型，其经营范围也在不断扩大，已经逐步延伸到造价咨询、监理及项目管理等，并逐步向国际化发展。

随着市场竞争的不断加剧，水利水电勘测设计单位逐步由生产性企业转向经营性企业，为了在激烈的竞争中谋生存求发展，设计单位应积极参与投标活动。为了进一步提高企业的经济效益，设计单位应该组建一支专业的投标队伍，并对各类投标项目作出正确的决策来降低风险，获取利润。在决定投标之后应该编制投标文件，编制过程中应充分体现自身的优势，让业主对设计质量、进度及投资满意。为了提高中标率，还应该做好投标报价工作。

## 二、水利水电工程施工组织设计与管理

### （一）水利水电工程施工组织设计要点

1. 合理选择施工方案

在水利水电工程施工过程中，良好的施工方案是确保工程施工组织的施工设计更加合理的重要前提和基础，对工程施工组织施工具有极其重要的作用。例如，良好的施工方案能够在很大程度上保证工程结构及其施工技术的可行性和经济合理性。一般情况下，良好的施工方案可有效保证工程施工的连续性及均衡性，并能够有效

确定工程施工相关强度的合理指标，有利于对施工顺序、施工平面及施工场地等进行相应的合理布置。另外，通过对工程施工物资供应、材料消耗以及技术提供等的前期研判，可以保证工程预算编制方案的准确性。

2. 合理布置施工平面

水利水电工程施工中，合理布置施工平面的目的，主要是为主体工程的施工以及运行提供更加优质的服务。同时，施工平面的合理布置，还能够较好地处理施工现场与施工所需各项设施及建筑物间的复杂关系。在施工过程中，相关工作人员可以通过施工方案及施工进度规划的相关内容要求，对施工场地临时房屋建筑、临时水电管线以及材料仓库和相关附属生产企业等进行合理的规划安排，以保证施工人员文明施工。

3. 合理规划施工进度

进度控制作为工程项目建设的三大控制目标，是十分重要的。工程进度失控，必然导致人力、物力的增加，甚至可能影响工程质量和安全。拖延工期后赶进度，建设的直接费用将会增加，工程质量也容易出现问题。在关键时刻（如截流、下闸蓄水）赶不上工期，错过有利的施工机会，将会造成重大损失。如果工期大幅度拖延，工程不能按期投产受益，这种损失将是巨大的，将直接影响工程的投资效益。延误工期会导致经济损失，但盲目地、不协调地加快工程进度，也会增加大量的非生产性支出。工程建设各部位的施工进度，只有与资金投入、设备供应、材料供应以及移民征地等方面协调一致，并适应现场气候、水文、气象等自然规律，才能取得良好的经济效果。因此，进度控制就是以周密、合理的进度计划为指导，对工程施工进度进行跟踪检查、分析、调整与控制。

进度控制的主要文件有合同文件、进度计划、现场的管理性文件（如现场指令）等。施工企业在投标阶段就应拟订切实可行的进度计划，施工期间应严格按照合同文件和进度计划进行施工。根据工程项目建设的特点，可把整个施工过程分为若干个施工阶段，并逐阶段加以控制，从而保证总工期按期或提前实现。按分包单位分解，确定各分包单位的阶段性进度目标，严格审核各分包单位的进度计划，各分包单位协调作业，保证工期的顺利完成。按专业工种分解，确定不同专业或不同工种相互之间的交接日期，为了下一道工序按时作业、保证工程进度，不可在本工序造成延误。工序的管理是项目各项管理的基础，通过掌握各道工序的完成质量及时间，能够控制各分部工程的进度计划。例如，按工程工期及进度目标，将施工总进度分解成逐年、逐季、逐月进度计划，短期进度计划是长期进度计划的具体落实与保证。

4. 加强成本分析

（1）按照计划成本目标值来控制材料、设备的采购价格，采购前根据图纸要求选择多种符合条件的材料，并从价格、质量、发货速度和数量等多方面进行比较，选择物美价廉的产品，并认真做好材料、设备进场数量和质量的检查、验收与保管。

（2）要控制材料的利用效率和消耗，如任务单管理、限额领料、验工报告审核等。同时，还要做好不可预见成本风险的分析和预控，包括编制相应的应急措施等。

（3）控制由工程变更或其他因素所引起的效率影响和消耗量增加，并做好由工程变更造成的工期延长的索赔。

（4）加强管理人员的成本意识和控制能力，实行项目经理责任制，落实成本管理的组织机构和人员，明确各级施工成本管理人员的任务和职能分工、权力和责任。

（5）承包人必须有一套健全的项目财务管理制度，按规定的权限和程序对项目资金的使用和费用的结算支付进行审核、审批，使其成为施工成本控制的一个重要手段。

（6）施工过程中采用有效降低成本的技术措施，如结合施工方法，进行材料使用的比选，在满足功能要求的前提下，通过代用、改变配合比、使用添加剂等方法降低材料消耗。

5. 质量管理

（1）材料的质量控制。工程项目是由各种建筑材料、辅助材料、成品、半成品、构配件等构成的实体，这些构成物本身的质量及其质量控制工作，对工程质量具有十分重要的影响。由此可见，材料质量是工程质量的基础，材料质量不符合要求，工程质量也就不符合标准。所以，加强材料的质量控制，是提高工程质量的重要保证。

（2）施工方法或工艺的质量控制。施工方案合理与否、施工方法和工艺先进与否，均会对施工质量产生极大的影响，是直接影响工程项目的进度控制、质量控制、投资控制三大目标能否顺利完成的关键。在施工实践中，由于施工方案考虑不周、施工工艺落后而造成施工进度迟缓、质量下降、投资增加等情况时有发生，因此，在制订施工方案和施工工艺时，必须结合工程实际，从技术、管理、经济、组织等方面进行全面分析，综合考虑，采取科学合理的施工方法，确保施工方案、施工工艺在技术上可行，在经济上合理，并且有利于提高施工质量。

（3）人的质量控制工程质量取决于工序质量和工作质量，工序质量又取决于工作质量，而工作质量取决于工程建设的直接参与者，如参与建设人员的技术水平、文化修养、心理行为、职业道德、身体条件等因素，将直接影响到工程质量的好坏。人作为控制的对象，要避免产生失误，充分调动人的积极性，以发挥“人是第一因素”的主导作用。

6. 环境保护

环境因素的控制，主要有技术环境、施工管理环境及自然环境。技术环境因素包括施工所用的规程、规范、设计图纸及质量评定标准。施工管理环境因素包括质量保证体系、三检制、质量管理制度、质量签证制度、质量奖惩制度等。自然环境因素包括工程地质、水文、气象、温度等。这些因素对施工质量的影响具有复杂而多变的特点，尤其是某些环境因素更是如此。因此，加强环境控制，改进作业条件，把握好技术环境，辅以必要措施，是控制环境对质量影响的重要保证。

### （二）水利水电项目规范化管理措施

1. 健全项目施工管理机制

水利水电工程实施过程中，所涉及的施工量比较庞大，容易受到自然环境因素的影响，并且是由国家财政对其实施长期的投资与管理。工程项目在实施的过程中，所耗费的时间较长，其工程质量的好坏也直接决定着国家防洪工作和投资效益的正常发挥。企业要制定可操作性强的项目管理目标责任书，以职能部门为依托，深入工地监督检查，使项目管理的各项责任目标始终处于受控状态。一个中型的水利水电工程国家投资动辄数百万元至上千万元，仅靠完工终结性评价，必将加大项目管理的风险。所以，要建立科学合理的项目管理考核评价制度，把项目考核评价作为项目管理新的起点，树立持续改进的思想观念，促进项目管理的规范化。

2. 统筹兼顾、保证施工管理的有效实施

水利水电工程项目在实施过程中，需要对施工技术质量管理工作做到有效认识，保证在项目实施过程中，能够有序合理地进行。对于施工技术的管理来说，在不同时期的施工阶段，所存在的内容也有着很大程度的不同。在施工管理中，需要在解决技术问题的基础上，做到统筹兼顾，做好项目施工管理工作。另外，技术管理应贯穿施工管理的全过程，随时协调各阶段施工作业之间在空间布置与时间安排的关系。水利水电工程在实施过程中，还需要做到对新技术、新材料及新型工艺的有效应用。只有这样，才能够响应时代发展的需求，同时为未来的科学发展奠定重要的基础。

3. 全面做好员工培训工作

施工管理过程中，要做到以人为本，工程项目负责人，应该全面负责做到对员工的教育培训工作。在培训过程中，需要做到有层次、有针对性、内容重点突出，要不断提升全体员工的操作技能、安全意识及施工进度的强化意识。教育培训工作并不是一劳永逸的，而是一项基础性质的工作，需要在实施过程中花费大量的时间与精力。

4. 积极改进施工组织设计方案

（1）编制合理的施工组织设计方案时，必须保证施工方案技术上的可行性与经济上的合理性相统一。

（2）充分应用系统理念和方法，建立一套科学、健全，且符合自身发展实际的施工组织编制标准，以此避免或者减少重复劳动。

（3）将水利施工组织设计进行模块化编制，并积极引入一些先进的现代信息技术，通过不同模块的优化组合减少施工中的无效劳动。

（4）工程施工组织设计的内容必须做到既简明扼要，又与实际相结合，同时还能突出重点，以满足工程招标投标及各项规定的要求，并能够有效体现企业自身的实力及信誉。

（5）正确评估工程施工组织设计图纸的合理性及经济性。

（6）建立一套科学、健全及规范的关于工程施工质量管理的体系，并将其与施工组织设计有机结合起来。

面对日益激烈的市场竞争环境，作为水利水电工程中的重要组成部分，施工组织设计的合理与否，直接关系到工程的最终施工质量及经济效益。因此，施工单位及管理人员必须加强对工程施工组织设计的研究，努力采取各种措施合理优化工程设计方案，并有效组织工程施工，以此降低工程造价，提高工程整体质量和效益。

### （三）水利水电混凝土施工管理要点

1. 质量管理发展的最新阶段就是全面质量管理

在全面质量管理中，质量这个概念和全部管理目标的实现有关，它的特点是从过去的以事后检验和把关为主转变为以预防为主，即从管结果转变为管因素。从过去的就事论事、分散管理转变为以系统的观点为指导进行全面的综合治理，突出以质量为中心，围绕质量开展全员的工作。由单纯符合标准转变为满足顾客需要，并强调不断改进过程质量，从而不断改进产品质量。开展全面质量管理的基本要求可以概括为“三全一多样”，即全员的质量管理、全过程质量管理、全企业的质量管理和多方法的质量管理。

2. 在实际工作中，往往对质量控制不严格，使质量出现各种不同的问题

基础设施建设是百年大计，是关系到国计民生的大事，质量责任重于泰山。为了避免“豆腐渣”工程的出现，就要本着对国家、对人民、对企业前途和个人负责的态度，不折不扣地增强质量意识，强化质量管理。大坝混凝土浇筑和相关的工程设施，从设计、施工到投入运行，质量是一项贯穿始终的要求。由于大坝浇筑一般有着体积大、寿命长、安全系数要求高的特点，建成一个高质量、高效益、高运行

状态的大坝是水电建筑的中心议题，从质量控制的总体而言，很多的质量问题不仅有技术原因，还有管理不善的原因。因此，施工质量管理在整个施工过程中有着无法替代的地位。

3. 搞好全面质量管理工作必须做好一系列基础工作

它是企业建立质量体系、开展质量管理活动的立足点和依据，也是质量管理活动取得成效和质量体系有效运转的前提和保证。基础工作的好坏，决定了企业全面质量管理的水平，也决定了企业能否面向市场长期地提供满足用户需要的产品。基础工作包括标准化工作、计量工作、质量信息工作、质量责任制和质量教育工作。

4. 市场经济是竞争的经济，企业生存和发展依靠竞争

随着市场经济的不断完善，每一个中标工程都需要加强管理才能取得利润。混凝土工程量的多少，质量的优劣，工时、机械台时的利用，资源、能源的消耗，资金周转的快慢等，都会直接或间接地在成本中反映。运用成本管理这个手段，就可以对上述这些方面起到组织和促进作用，这就要求经济活动的全过程必须实行科学的、全面的、综合的成本管理。成本管理包括成本预测、成本计划、成本控制、成本核算及成本分析和考核，成本管理中最重要的就是成本控制，就是在工程施工的整个过程中，通过对工程成本形成的预防、监督和及时纠正发生的偏差，使施工成本费用被控制在成本计划范围内，以实现降低成本的目标。

混凝土在水利水电建设过程中起着十分重要的作用，尤其是在修建大坝时，主要的材料就是混凝土，它所需要的费用占整个水利工程投资的1/2以上。虽然我国在水利水电建设上发展较晚，但随着经济和社会的快速发展，我国的混凝土筑坝等关键技术也得到了较大的发展。但由于管理水利水电工程时还存在很多粗放型因素，直接导致混凝土施工管理存在缺陷，造成混凝土施工质量受到严重影响。针对这个问题，必须对水利水电工程中混凝土施工的管理问题给予足够重视，以提高施工企业的管理水平。

## 第二节　水利水电信息管理

### 一、水利水电建设工程监理中的信息管理

#### （一）概述

人们常说："监理的方法是控制，控制的基础是信息。"信息是监理工程师协调

工程项目建设各有关参与方的重要媒介和决策的依据。所以，如果信息管理工作跟不上，则监理人员就难以进行目标跟踪和控制工作，也会对工程项目总目标的实现产生影响，而要使信息准确、及时、实用，信息管理工作就显得尤为重要。水利水电工程是国民经济建设的基础工程，在这样一个宏伟的基础建设工程中，建设工程监理信息管理工作的地位非同寻常。

实践证明，自我国在20世纪90年代中期推行建设监理制度以来，在理论和实践两个方面都得到了较快的发展，取得了明显的成效和宝贵的经验。高质量的信息管理能为决策层提供可靠的依据，并制约工程方案、投资和效益。

在水利水电建设工程项目中，信息量极大，而且要求高速、准确地处理项目监理所需和所掌握的信息，这就要求使用先进的办公设备和软件进行信息处理，以便更好地发现问题、编制规划、帮助决策和跟踪检查等。

### （二）建立流畅的工程监理信息网

建设工程监理是指具有相应资质的工程监理企业，接受建设单位的委托，承担其项目管理工作，并代表建设单位对承建单位的建设行为进行监控的专业化服务活动。信息是指可以用语音、文字、数据、图表或其他能够让使用者识别的形式来表达，并进行传递、处理及应用的对象。而水利水电工程建设监理所指的信息，不仅是在文字、报表、声音、图像和数字上的反映，也是对这些反映材料进行分析、对比、审核、找出差距并进行纠正。所以，整个施工过程中的方方面面都可以是信息，水利水电工程建设业主委托监理工程师对这些信息进行收集、整理、处理、储存、传递与应用。

建设工程监理要获得信息，就必须建立流畅的信息网。一般应在监理部门内部专门配备一名工程师代表，负责本工程（标）的信息管理工作，这就要求建立监理部门与参建单位的信息网络（局域网），以便准确、快捷、可靠地传递信息，特别是工程数据、图表信息的传递。同时，为使信息网系统化、规范化，还应有如下规定。

1. 规定工程参建单位之间的信息传递路径

业主、政府有关部门、其他单位关于工程建设的信息应通过监理单位传递给工程参建各有关单位，工程参建各有关单位的所有信息也应通过监理单位传递给该信息接收者，这样就能保证监理单位信息管理的时效性。

2. 规定项目监理部内部的信息传递路径

所有外来信息经过筛选后传递给总监理工程师，由总监理工程师根据具体情况决定处理方式并传递给专职管理责任人，处理完毕再反馈给总监理工程师和有关人员，并分类入卷。

### （三）信息资料的收集

1. 工程监理信息资料类别

（1）设计信息

设计信息是信息流的一条主渠道，它对正确理解设计意图，保证施工质量至关重要。除正式颁发的设计图纸、设计修改通知以及设计变更等重要资料外，设计参数及计算方法也在信息资料收集之列。同时，监理工程师应经常与设计人员交流和沟通，以便得到更多的信息。

（2）业主提供的信息

业主应向监理提供如下资料。

① 建设用地规划许可证。

② 工程地质勘察报告。

③ 场内地下管线等设施及周边环境文件。

④ 地形测量水准点等三方交接记录。

⑤ 政府有关部门对施工图纸文件的审批意见。

⑥ 盖有审图章的全套施工图纸。

⑦ 施工中标书及施工合同。

⑧ 建设工程规划许可证。

⑨ 建设工程施工许可证。

⑩ 质检、安检登记备案手续。

⑪ 节能及人防审图意见书。

⑫ 业主驻工地代表电话名单及分工。

（3）来自承包商的信息

来自承包商的信息包括承包商的“施工总进度计划”和“施工方法说明”，以及各单项工程的“施工进度计划”等，这些都是监理工程师进行施工质量、进度和费用控制的重要依据。

（4）监理工程师的信息

监理工程师的信息包括监理工程师对承包商发布的工程开工令；对承包商的施工进度、质量安全方面的指示；现场监理月报、施工监理日志、监理负责人的施工记录，以及反映工程质量与进度的工程照片、录像、检验周报等。

（5）其他信息

除以上几种主要的信息来源外，地方环保、公安、交通和税务等部门也有一定的信息。

总之，所有与工程有关的信息都在收集之列。

2. 工程监理信息资料的特点

(1) 信息量大。这是因为建设监理涉及的单位多、专业多、渠道多、环节多和形式多。

(2) 信息系统性强。大量信息都集中于所监理的项目对象中，故容易系统化，方便为信息系统的建立和应用创造有利条件。

(3) 信息传递和输出的障碍多。这往往是由传递者对信息的理解、经验和知识的限制或传递手段落后造成的。

(4) 信息产生的滞后现象。信息是在工程建设和管理过程中产生的，其反馈一般要经过加工整理、传递输出的过程，这就容易造成滞后。

### (四) 信息资料处理系统

基于水利水电建设监理信息量大、面广、复杂等特点，对其管理更适合于采用计算机信息管理系统。

1. 信息资料加工整理

收集到的资料往往是不连贯的，甚至是支离破碎的。而这些支离破碎的信息却不能利用与输出，必须经过整理与加工，使其变为直观、易懂的信息才能输出。应用信息资料的整理与加工工作主要有如下几个方面。

(1) 文函实录与管理

① 文函是监理工程师与业主、承包商以及设计部门等各有关部门相互发布指令、提交资料、请示和协商的主要手段。由于来往文函的数量巨大，只有采用计算机管理，才能既快捷又准确地查找到有关的文件。同时，为了更好地与国际接轨，应尽量采用新技术、新软件进行相关文函和技术规范的管理。

② 图纸管理。图纸是承包商进行施工的基础，也是监理工程师最主要的监理依据，施工图纸量大，修改次数多，最容易造成混淆或错乱。因此，应使用计算机对图纸进行管理，这样才能对来往图纸的发放以及目前图纸所在的中间环节都一清二楚。

(2) 施工报表

施工过程中按照合同条款和监理工程师的要求，承包商需要填写的报表多达数十种，这些都是施工过程中实实在在发生的真实记录，无论是进行监理控制还是进行工程问题的处理，对今后工程质量的评定还是处理各种原因引起的纠纷以及索赔问题都是重要的依据。因此，监理工程师应对施工报表、材料与设备情况、现场记录、检验周报、质量安全报告和各种文字报告进行分类整理，并由专人保管。

（3）施工进度控制

施工进度控制是监理工程师的一项主要工作，目前使用较普遍的土建工程控制程序为“Primavera Project Planner”（“P3”）。监理工程师运用“P3”对承包商的“总施工进度计划”进行审查，并对承包商的整个施工过程进行监控，可以提前发现承包商在工期、资源配置以及投资等方面的问题，并给出定量、定性的分析。监理工程师一般每周将“P3”中的数据进行更新，以便随时掌握施工进度情况，及时帮助承包商发现和解决问题。

（4）信息加工

信息资料经过整理，已经具有利用价值。但是，整理出来的原始资料往往非常多，不便于传递。为了方便传递，通常应进行编辑加工，录入专用“建设工程监理信息管理系统”，并以图表形式或报表形式输出。

2. 水利水电建设工程监理常用信息管理系统简介

我国对水利水电工程建设监理的信息管理工作尚属起步阶段，各种管理系统和模式参差不齐，现简单介绍两种常见的管理系统。

（1）基于 C/S 和 B/S 模式的监理信息管理系统

该信息管理系统是一个大型的数据库信息系统，其总体目标是建立既有操作、管理和控制功能，又有辅助决策功能的先进、有效、完整的计算机管理信息系统，能全面、准确、及时地为水利水电建设工程监理提供现代化的信息服务及辅助宏观决策。

为使该信息管理系统具有开放易扩充性、可伸缩性等优越性，工程监理部门与各承包商采用由高性能微机和数据库服务器构成的客户 / 服务器（Client/Server，C/S）体系结构，各承包商与监理单位之间采用浏览器 / 服务器（Browser/Server，B/S）体系结构，通过 C/S 和 B/S 两种体系结构相结合的方式，构建整个监理信息管理系统。C/S 体系结构是目前常用的信息系统结构，在该体系结构下，应用系统分为客户（前端）和服务器（后端），客户端实现用户接口、表示逻辑，服务器端完成事物逻辑和数据存取。B/S 体系结构是一种基于 Hyperlink、HTML Java 的三级或多级 Client/server 结构，使用浏览器可以方便地实现对服务器的访问。

（2）水利水电工程建设监理的信息管理计算机辅助系统

该系统的设计是以我国现行的水利水电建设监理法规、条例为依据，并结合国际通用的 FIDIC 合同条件，考虑水利枢纽、水电站、引水提水、农田水利等水利水电工程建设和区别于一般工程项目管理的“三控制”“两管理”监理业务的特点，以合同管理为核心，贯穿监理法规条例、合同和招标投标管理、质量、进度、投资控制、文档管理和系统维护 8 个模块，覆盖招标投标和施工阶段建设监理的全部内容，且具有信息收集、处理、查询、检索、阅读、打印的功能，以及统计分析计算、网络计划技术、全面质量管理等现代化管理手段。

系统主要内容包括：① 收集日常监理工作中大量的信息，用数理统计分析、控制图、网络计划技术、回归分析、盈亏分析、系统综合评价等现代化管理方法，进行工程质量的分析统计、工程进度的调整、进度与费用的优化、工程造价与工程成本的分析等工作；② 以规范化格式输出有关工程的各种文件、表报等；③ 文书档案管理，为工程索赔、验收提供依据和资料。

### （五）信息输出管理

信息资料经过整理和加工，需要向各有关部门和领导传递，而有些信息具有很强的时效性，及时传递极其重要。对于信息反馈和输出管理工作，主要有以下几种形式。

1. 施工监理月报

这是代表一个月工程监理情况的全面报告，其内容主要由3部分组成：(1) “进度报告”，又细分为“工程监理概述”“施工监理”“合同情况”。其中“工程监理概述”主要概括本月监理情况，如取得的成绩和存在的问题、今后努力的方向等。(2) 以本月工程进度为依据，以图表的形式输出“工程进度月报表”“工程计划进度实际进度比较曲线”“工程量签认表”“内、外资投资累计曲线”“工程大事记”等。(3) 工程附照，包括主要工程项目的现场施工照片以及有关的工程质量问题的照片。

2. 施工周报

根据周进度编制的“施工周报”，主要为了让关心工程进度的各级领导和有关人员能够及时、全面地了解各施工作业面的进度情况，掌握计划与实际进度的情况以及本周完成的主要工程量。“施工周报”是各级领导及时、准确了解工程信息的途径。

3. 专题监理信息

对工程中出现的较为重要的信息，或者根据业主及总监理工程师的要求，对某一重要事情，需要以专题报告的形式向有关各方送报，比如，“工程进展情况”“年度投资计划”，以及重要的“变更令”等，所有这些都应及时向有关各方传递。

工程领域信息管理是一个全新的课题，也是一个具有挑战意义的新领域。一条信息在工程建设中可能为国家、为业主节约几万元、几十万元甚至上百万元。信息管理工作为监理工作的基础，在工程建设中发挥着巨大的作用，但信息管理工作在我国水利水电建设中仍处于起步阶段，它需要更多的人来关心、支持，以便为祖国水利水电建设事业作出更大的贡献。由于水利水电工程的多样性，选择和开发适合各自工程特性的管理系统和方法尤为重要。

## 二、工程质量信息管理

### (一) 工程质量信息管理组织机构

工程质量信息管理系统采用职能组织结构。职能组织结构是使用最普遍的组织结构之一，是企业最常见的组织结构形态，其本质是将企业的全部任务分解成分任务，并交给相应部门完成。职能组织结构是一个标准的金字塔结构，高层管理者位于金字塔的顶部，中层和低层管理者则沿着塔顶向下分布。职能组织结构的优点是将同类专家归在一起可以产生专业化的优势，并减少人员和设备的重复配置，让成员有一个专业知识和技能交流的工作环境，技术专家可以同时为不同的工程项目效力，部门内比较容易沟通，工作效率高，重复工作少。

### (二) 工程质量信息管理体系的范围

建设项目的工程质量信息管理范围应涵盖项目业主 (集团公司)、建设单位、项目管理单位、勘测设计单位、政府监督部门、总承包单位、施工单位、试验检测单位、设备监造单位、监理单位等众多项目参建单位 (信息源)，每个项目参建单位既是项目信息的供方 (源头)，也是项目信息的需方 (用户)。由于每个项目参建单位其在项目生命周期中所处的阶段与工作不同，其工程质量信息管理的权利和义务也会有所不同。

建设项目的工程质量信息管理应涵盖工程建设的全过程，包括勘察设计、物资采供、工程施工、竣工验收、投产运行、后评估、建设准备、可研决策 8 个阶段。

### (三) 工程质量信息管理系统结构

工程质量信息管理系统结构应以网络技术为支撑、以数据库技术为核心，采用开放的系统协作工作平台专项软件模块组件的方式，以项目管理为主线，建立工程质量信息管理系统。一般工程质量信息管理系统采用三层体系结构。

### (四) 工程质量信息管理体系与外部处理流程

改变工程质量信息管理和共享过程，实现从杂乱无序的沟通方式到在线协同作业。

工程质量信息内部处理流程包括：建设、维护信息管理平台→采集质量信息→收集质量信息→加工整理质量信息→分析质量信息→存储质量信息→检索质量信息→传递质量信息→应用质量信息。

### （五）工程质量信息管理体系的基本原则

1. 持续完善

建设工程的复杂性，决定了工程质量信息管理体系的开发和建设不是一蹴而就的，只有遵循持续完善的原则，才能适应不断发展的外部环境，才能随时根据管理的需要对体系进行完善和维护。

2. 整体集成

集成是优化的基础，采用集成的思想构造工程项目全生命周期的质量信息系统，要求各阶段各层面质量信息系统联系起来，构成一个整体。在工程管理的决策层、管理层、操作层之间实现纵向集成，在从可行性研究、招标投标到设计、施工等项目实施过程中实现业务流程集成。

3. 动态关联

工程项目管理是一个系统工程，工程项目质量信息系统的建设也必须遵循系统动态关联的原则。

4. 开放并且可扩展

由于工程项目的单件性与特殊性，每个项目对于工程质量管理系统的功能要求都会有所不同。这就要求工程质量信息管理系统具有很好的开放性与扩展性，以满足不同用户的需求。

5. 体系和业务优化

工程质量信息管理系统的开发不能仅仅是模拟旧的管理模式和处理过程，必须根据实际情况和科学管理的要求加以优化和创新。

### （六）建设工程实施阶段的工程质量信息管理

1. 工程质量信息的收集

(1) 工程设计阶段

① 收集已批准的重点工程项目建议书，以及可行性研究报告批复中的工程规模、工程概算，采用的技术先进性、适用性、标准化程度等。

② 收集同类工程建设规模、结构形式、造价构成、工艺、设备的选型、建设工期，采用新材料、新工艺、新设备、新技术的实际效果和存在的问题。

(2) 物资采供阶段

① 收集重点工程特种设备、制造周期长的大型设备、特殊施工材料采购招标投标及资质审查情况，并将上述情况制成一览表上报总部。

② 收集重点工程重大设备、特殊材料项目采购计划中产品的技术标准和质量要

求，以及检验方式和标准。

③ 有特殊要求的设备和材料委托第三方检验，应收集第三方资质、检测人员资格审查情况，并将检测结果制成一览表上报总部。

④ 收集进口设备材料检验情况，并将检验结果上报总部。

⑤ 收集采购的产品在验收、施工、试车和保质期内发现的不合格品情况，应对不合格品进行记录和标识，对不合格品的处置结果上报总部。

(3) 工程施工阶段

① 收集重点建设工程项目已批准项目管理规划大纲，并上报总部。

② 收集工程勘察、设计、采购、检测、监理、施工单位的营业执照和资质等级证书，以及各负责人的资格证书信息，并将重点建设工程项目法人、项目管理组织机构以及经招标投标确定的承包单位、监理单位资质审查制成一览表上报总部。

③ 收集石油化工工程质量监督机构办理建设项目工程质量监督申报手续，并取得监督注册通知书的信息。

④ 收集工程规划许可证和施工许可证的信息。

⑤ 收集施工设计图中关于施工设计方案、特殊或重大施工方案、大件吊装施工方案中的质量控制措施信息。

⑥ 收集质量控制和“创优”目标信息，并将重点建设工程项目的质量计划和“创优”目标上报总部。

⑦ 将批准后的重点工程项目的总体统筹控制计划，以及进度控制计划上报总部，并做好关键部位和重要工序的质量控制信息收集。

⑧ 收集工程监理、施工单位的工程质量管理制度、质量责任制和质量保证体系，以及自律运行情况信息。

⑨ 收集特殊工种人员的上岗资格和施工分包单位的企业资质信息。

⑩ 收集在日常巡视检查和工程质量大检查中的质量问题处理信息。

⑪ 收集依法通过招标方式选定的重要设备、材料在使用和安装上的质量信息。

⑫ 收集建设单位定期上报的重点工程项目“质量月报”或“质量周报”。

⑬ 收集质量检查发现的主要问题，并将重点工程质量检查、质量监察过程主要问题制成一览表上报总部。

⑭ 收集工程项目“三查四定”中存在的质量隐患和处理信息。

⑮ 收集工程质量事故处理的质量信息，应将工程质量事故处理结果上报总部。

(4) 竣工验收阶段

① 收集工程项目交接质量验收信息。

② 收集工程项目通过国家验收的竣工验收信息。

③ 收集竣工保质期内工程质量相关信息。

④ 收集采用的先进施工技术、先进检测技术、新工艺、新设备、新材料等提高建设工程质量水平的信息。

2. 工程质量信息的加工整理

（1）将监理、检测、施工等相关单位传递的质量数据和质量信息进行鉴别、选择、核对、合并、排序、更新、计算、汇总、转储，生成不同形式的数据和信息。

（2）按工程项目将质量信息分别归类，并根据管理者的不同需求提供各方的质量信息。

3. 工程质量信息的图文关联库的建立与维护

（1）建立关联库的动态链接。

（2）建立关联库表的修改、查询维护。

（3）项目参与各方可以不受时间和空间的限制，获得所需的质量信息。

4. 工程质量信息的存储

（1）信息的存储一般需要建立统一的数据库，各类数据以文件的形式组织在一起，一个项目要有统一的信息编码系统。

（2）工程项目参建各方协调统一存储方式，以达到各方数据共享，减少数据冗余，保证数据的唯一性。

（3）建设工程质量信息的加工、整理和存储，是信息系统流程的主要组成部分。信息处理流程根据工程情况决定。

5. 工程质量信息的检索

（1）质量信息和数据的检索原则，是有关部门有权在第一时间获得所需要的一切信息和数据。

（2）根据工程质量管理的需要划分决策、管理、执行 3 个层次，明确质量信息检索的范围、检索的密级划分、密码的管理。

（3）提供检索需要的质量信息数据和信息输出形式，建立关键字智能检索功能。

6. 工程质量信息的传递

统一建立各相关单位各方的质量信息格式，将项目组织管理、设计阶段、物资采购阶段、工程招标投标、开工准备情况、工程实施的质量控制及竣工验收的质量信息进行传递。

## 三、水利水电造价信息管理

### (一) 工程造价的构成思考

1. 税金

所谓税金，就是每个企业开展工程建设的过程中，对相应部门缴纳的费用。

2. 利润

企业行动的基本动力指的是利润，是让企业能够正常运转的重要支撑因素。企业开展工程造价的过程中，一般会按照建筑自身经营管理水平以及建筑市场水平，再与利润结合而形成。利润是不能够盲目确定的，具体计算公式如下。

利润 =（措施费 + 直接工程费）× 利润率

利润率 = 典型工程利润 +（典型措施费 + 典型工程直接工程费）

3. 直接费

直接费由措施费和直接工程费组成，具体指的是工程施工阶段，对施工产品所组成的不同种类费用之和，如施工机械费、人工费及材料费等。

(1) 施工机械费

工程建设需要施工机械的配合操作，那么在工程建设之前需要将施工机械移入施工场地，施工建设完毕之后还要将其移出施工场地。在这一流程中，所使用的全部费用都要考虑。

(2) 人工费

人工费是指施工全过程中的每个阶段所涉及的工人费用。人工费受人员不同的工作内容所制约，在分工不同的情况下，工人会得到不同的酬劳，这是在工程造价的过程中必须分析的因素。

(3) 材料费

在工程建设阶段，材料是必不可少的。材料的价格高低、质量好坏对建筑的总体质量有着直接的影响，在工程造价的开展阶段一定要透彻地熟悉建材市场，对市场的动态及时更新，进行多方面的比较分析，在价格方面要适当选择。这样的情况下，工程造价的全过程就会较为合理。

4. 间接费

间接费指的是所使用的费用没有直接地用在施工中，但又是工程建设中必须使用的费用。通常，企业的管理费指的就是间接费，会涉及企业日常的活动费以及企业管理人员的工资。在管理人员工资中，具体包括管理人员的职工福利费、劳动保护费、工资补贴、基本工资等。在日常生活的办公费中，具体包括办公室取暖费、文具纸张费及水电费等。此外，还包括差旅费，并涉及出差后的交通费、饮食费、住宿费等补贴。

### （二）工程造价信息管理思考

1. 信息管理中的具体工作

管理企业信息就是管理企业生产活动中的全部信息。信息管理中最主要的内容包含信息传输、信息储存、信息处理及信息收集等，需要运用较为正确的方式理解信息，对不同的环节进行妥善管理，对信息管理的手段方法要正确运用，要针对信息载体、信息流及信息源等因素开展较为严谨的综合型管理流程。

信息管理中的具体工作是信息的收集，是对工程造价中的大规模原始信息进行采集，具体如下。

（1）传送信息需要具备固定的传送途径。

（2）存储信息就是将信息整合之后正确储存，作为参照和学习的依据。存储信息的方式较多，经常使用到的是利用计算机整合编码存储信息，也有以手工形式建立信息资料档案的。

（3）首先要厘清企业对信息的需求，周密地规划信息的收集途径，接着就可以组织收集信息的工作。

（4）信息的处理就是整合、压缩、比较、分析采集的原始信息，要从中得出较为系统、完整的信息。

2. 信息管理的方法和程序

信息系统就是加工处理工程造价的数据，提供、整合对其有用的信息的系统。具体地对其分析，就是信息系统可以通过信息或设备处理程序，所构成的外在和内在两个方面所给予的信息综合体，所囊括的领域较为广泛。信息系统具体分析信息传递中的数字模型和逻辑顺序，同时通过一定的数据，分析这一系列的信息和模型。

下面是工程造价信息系统的几个程序。

（1）将基础定制为投标的工程造价管理，建设单位将自身的实际技术水平，与市场动态相互融合，制订投标方案，拟订出较为完善的投标策略，进而完成预期的开放式投标方案。

（2）将有关工程项目建设和房地产作为基础的信息系统，投资估算建设的项目，对承包方式、设计水平及招标方式进行全面的控制。

（3）将基础定制为设计概算的工程造价，针对审计方案要不断进行分析和优化，并对本单位的概算设计指标进行修正。

3. 工程造价管理信息的具体内容

(1) 积累水利工程造价资料

在建设工程造价信息管理方面，积累建设工程的造价资料是重要的组成部分。对工程造价资料进行综合的分析、整合及挑选，能够反映出不同种类建设项目的技术经济特点，也能够对不同细节中的经验教训、技术水平及经济状况进行综合反映。积累工程资料的作用是为了提供工程造价的依据，工程建设资料包含不同阶段的工程造价资料，具体包含单位工程、建设项目及单价工程的造价资料、含新技术、新设备、新工艺及新资料的分项工程造价资料内容。

(2) 主要材料以及主要设备的用量和价格管理

设备和材料是工程建设阶段必须考虑的因素，所以，在价格以及用量方面需要不断积累。价格方面会因为市场的波动而不断改变，可用量方面会较稳定，往往只需要将设备和材料的用量掌握，再融合现行市场中类似设备和材料的价格，就能够进行正确的估算。此估算是较为精准、前沿的，并且用估算价格和原来价格比较，会显示出支出的变化趋势。

4. 工程造价管理信息系统的应用

工程造价管理信息系统，能够为管理人员提供信息，帮助决策者实施正确的决策。运用计算机估算工程造价，能够让造价的精准性和严密性得到保证。此外，若数据有所变更，计算机可以较快地修改整合，并且使用计算机进行造价控制，能够让建设单位实时监控花费的成本和进度。也就是说，使用计算机应对工程造价效率更高。

# 第五章　水利水电工程建设项目安全管理

## 第一节　建设项目安全管理与安全策划

### 一、建设项目安全管理概述

#### （一）建设项目安全管理

建设项目安全管理是指在建设项目实施过程中，组织安全生产的全部管理活动。水利水电工程建设项目安全管理属于建设项目安全管理的范畴。

#### （二）建设项目安全管理一般方法

1. 安全生产目标管理法

目标管理是指以目标为导向、以人为中心、以成果为标准，使组织和个人取得最佳业绩的现代管理方法，其亦称为“成果管理”。安全生产目标管理是目标管理在安全生产管理方面的应用，它主要是指在一定的时期内（通常为一年），根据企业安全生产总目标，从上到下地确定安全工作目标，并为达到这一目标制定一系列对策、措施，开展一系列的计划、组织、协调、指导、激励和控制活动。

依据安全生产目标管理的要求，水利水电工程建设安全生产总目标必须逐级、逐项分解，使安全生产总目标分解落实到每个部门和岗位。在目标实施阶段，要充分信任基层人员，实行权力下放和民主协商，使下级人员进行自我控制，独立自主地完成各自的任务，完成各自的目标。成果评价和奖励时，必须严格按照每个岗位和个人的目标任务完成情况和实际成果大小来进行，以激发其工作热情，发挥其主动性和创造性。

（1）安全生产目标管理特点

安全生产目标管理法是一种激励性的安全管理方法，主要具有下列特点。

① 安全生产目标管理重视人的作用，目标的实现者同时也是目标制定的参与者，人人都可以参加目标制定并保证目标的实现。因此，安全生产目标管理是一种民主的、自我控制的管理制度，也是一种把个人需求与企业安全生产目标结合起来

的管理制度。

② 安全生产目标管理主要表现形式为目标锁链与目标体系，根据企业安全生产的使命确定一定时期内企业安全生产总目标，然后对总目标进行分解，由此决定上、下级的责任和分目标，形成一个有层次的目标锁链与目标体系。同时，这些目标也是组织检查、评估和奖励每个单位和个人贡献的标准。

(2) 安全生产目标管理作用

① 安全生产目标管理，能够使企业各级领导及从业人员明确需要重点防范的生产安全事故，这有利于统一调动企业的管理资源和技术资源。

② 安全生产目标是企业向社会及从业人员作出的承诺，是履行社会责任的一种重要行为，安全生产目标管理可以使企业的各职能部门和各级人员更加自觉地履行安全生产责任，落实各项安全生产工作。

2. 全面管理

全面管理也称为“四全”管理，是指水利水电工程建设安全管理应该是全过程、全方位、全员参与、全天候的管理。

(1) 全过程安全管理

水利水电工程建设全过程安全管理是指从签订施工合同，进行施工组织设计、现场平面布置等施工准备工作开始，到施工的各个阶段，直至工程收尾、竣工、交付使用的全过程，都进行安全管理。也就是说，全过程安全管理就是贯穿各项工作始终，形成纵向一条线的安全管理方式。

建设项目施工过程是一个动态的过程，涉及很多变化的因素，而事故隐患也会随之不断发生变化、随时可能出现，极易发生事故。因此，必须加强全过程管理，对所有生产过程进行安全预控、安全检查、监控，及时消除事故隐患。

(2) 全方位安全管理

水利水电工程建设全方位安全管理，是对整个建设项目所有的工作内容都要进行管理。首先，水利水电工程由各个单项工程构成，只有实现各分项工程的安全生产，才能保证整个水利水电工程的安全生产。其次，整个建设项目安全管理的对象主要包括人、机、环境和管理因素，具体工作内容包括安全教育培训、日常检查、工作例会等多个方面。因此，必须对这些管理内容进行有针对性的管理和控制，只有做好每一个环节，才能最终保证整个建设项目的安全生产。

(3) 全员参与安全管理

从目标管理的观点来看，无论是管理者还是作业人员，每个岗位都承担着相应的安全生产职责，一旦确定了安全生产方针和安全生产目标，就应组织和动员全体员工参与安全生产活动，并充分发挥他们的主体作用。

(4) 全天候安全管理

全天候安全管理，就是在全年每一天，一天24小时，不管什么天气、什么环境，都要求现场作业人员时时刻刻把安全放在第一位。

3. 循环管理

循环管理是按照戴明理论策划（P）、实施（D）、检查（C）、改进（A）4个阶段不断循环进行管理的方法。其中，循环管理方法应用到水利水电工程建设项目安全管理中，又可细分为8个步骤。

(1) 分析安全现状，找出存在的主要安全问题。

(2) 分析各种影响因素，找出安全问题的形成原因。

(3) 确认造成安全问题形成的主要原因。

(4) 针对安全问题形成的主要原因，制订安全措施和实施计划。

(5) 按照安全措施实施计划，贯彻落实安全措施。

(6) 检查验证并评估安全措施的实施效果。

(7) 巩固措施，把成功的经验和方法加以肯定，形成标准。

(8) 把遗留的问题转入下一轮循环继续解决。

在水利水电工程建设项目安全管理过程中，循环管理方法的应用具有下列特点。

① 大环套小环，小环保大环，推动大循环。整个建设项目就是一个大循环，各个施工区域相当于一个小循环，再到各施工队伍对应更小的循环，直到任务具体落实到每个员工，形成一个最小的循环。上一级的PDCA循环是下一级PDCA循环的依据，下一级的PDCA循环是上一级PDCA循环的组成部分和实现保证。通过各个小循环的不停转动，推动上一级循环乃至整个工程的大循环不停转动，把各项安全工作有机地联系起来，彼此协同，互相促进。

② 不停运转。PDCA循环的4个阶段周而复始地运转，每转一次都有新的内容和目标，每经过一次循环，就解决一批问题，使安全管理水平不断提高。

③ 循环的关键在于改进阶段。改进阶段就是总结经验，巩固成果，纠正错误，从而能够不断提高、进步。为此，就必须把成功的经验纳入标准，定为规程，使之标准化、制度化，以便在下一个循环中执行。同时要吸取失败的教训，引以为戒，避免再犯错误。

## 二、安全策划

### (一) 安全策划的目的

水利水电工程建设项目安全策划，主要是指通过识别和评价工程施工生产中的危险源和环境因素，确定安全生产目标，并规定必要的控制措施和活动顺序要求，编制工程施工安全计划（也称为“安全生产保证计划”或“安全保证计划”），且组织实施，以实现安全生产目标的活动。

水利水电工程建设安全策划的目的是加强施工阶段的安全管理和程序管理，规范员工行为，使其严格遵守操作纪律，最终达到提高工程施工安全、实现安全生产目标。

水利水电工程建设安全策划的作用是规划、确定安全生产目标、安全组织机构及职责，提出危险源管理、职业健康管理、事故及应急管理等过程控制要求，编制安全管理措施和安全技术措施，配置必要的资源，以确保安全生产目标的实现。

### （二）安全策划的基本要求

1. 安全策划的依据

进行水利水电工程建设项目安全策划的依据包括下列内容。

(1) 安全生产法律法规、标准规范及其他要求。

(2) 上级主管单位有关工程安全生产规定。

(3) 本工程危险源辨识、评价和控制情况。

(4) 本工程的特点及资源条件，包括技术水平、管理水平、财力、物力、员工素质等。

(5) 其他水利水电工程安全工作经验和教训。

(6) 国内外安全文明施工的先进经验。

2. 安全策划的时间要求

(1) 在施工前完成策划

为了确保安全策划内容的全面性、针对性、可行性和可操作性，安全策划应结合工程建设项目的具体情况，依据适用的安全生产法律法规、标准规范及其他要求，结合施工现场危险源辨识、评价和控制的结果，在施工前完成策划，以此充分发挥安全策划对安全工作的指导和约束作用。

(2) 策划与施工组织设计同步进行

水利水电工程建设项目安全策划是施工组织设计的重要组成部分，为防止总体与局部脱节，要求两者同步策划，同时经上级部门或单位审核确认，并形成书面记录，以保证相互协调。

### （三）安全策划的内容

1. 安全生产目标

安全生产目标是水利水电工程建设项目安全生产方面要达到的核心目的和预期结果，是安全生产工作的努力方向，也是进行安全生产绩效考核的依据。

（1）安全生产目标制定时应考虑的因素

① 上级机构的整体安全生产方针和目标。

② 危险源辨识、评价和控制的结果。

③ 适用的安全生产法律法规、标准规范和其他要求。

④ 可以选择的技术方案。

⑤ 财务、运行和经营上的要求。

⑥ 相关方的意见等。

（2）安全生产目标的内容

① 人员伤亡、机械设备安全、交通安全、火灾事故等各类事故控制目标。

② 安全生产隐患治理目标。

③ 安全生产管理目标。

④ 其他。

（3）安全生产目标制定的要求

① 目标指标必须具体、明确。

② 目标指标必须是可衡量的。

③ 目标指标必须是可实现的。

④ 目标指标必须与实际相符。

⑤ 目标指标必须有时间表。

⑥ 必要时，可结合一些动词，如减少、避免、降低等。

2. 安全组织机构及职责

水利水电工程建设项目应建立安全生产组织机构，明确安全生产组织机构及参建各方的职责和权限，以确保各项安全生产工作有序开展。

安全生产组织机构一般包括项目安全生产委员会及办公室、安全生产管理机构。

（1）安全生产委员会

项目安全生产委员会应由项目法人主要负责人、其他领导班子成员和部门负责人以及参建单位现场负责人组成，由项目法人主要负责人担任主任。

安全生产委员会主要包括下列职责。

① 负责贯彻执行国家有关安全生产法律法规、标准规范及其他要求。

② 研究制定工程建设安全管理整体规划，发布现场各参建单位必须遵守的、统一的安全管理工作规定、安全生产总目标，并组织实施。

③ 研究解决工程建设的重大安全生产问题。

④ 明确项目安全生产投入。

⑤ 协调重大、特大生产安全事故应急救援工作。

⑥ 组织安全生产委员会专题会议。

⑦ 完成上级主管部门或单位交办的其他安全生产工作。

(2) 安全生产委员会办公室

安全生产委员会下设办公室，作为日常办事机构，负责执行和实施安全生产委员会的决定、决议和制度，负责工程建设过程的安全生产文明施工的全面监督和控制。安全生产委员会办公室一般设在项目法人安全主管部门，配备专职安全管理人员，办公室主任由项目法人安全主管部门主任担任。

安全生产委员会办公室主要包括下列职责。

① 负责处理安全文明施工有关日常管理事务。

② 负责安全生产委员会组织的安全检查考核评比工作。

③ 组织召开安全生产委员会会议和重要的安全生产活动。

④ 负责监督参建单位对安全生产委员会决议的执行、落实情况。

⑤ 负责项目安全事故、事件的统计、汇总与上报，协助有关部门开展生产安全事故的调查处理，并组织协调重大、特别重大事故应急救援工作。

⑥ 承办安全生产委员会交办的其他工作。

(3) 安全生产管理机构

安全生产管理机构主要包括下列职责。

① 落实有关安全生产法律法规、标准规范及其他要求。

② 编制并适时更新安全生产规章制度。

③ 组织制订项目年度安全生产目标和安全工作计划，并组织实施。

④ 组织开展全员安全教育培训及项目安全检查活动。

⑤ 监督检查参建单位安全生产措施的落实情况。

⑥ 组织并督促检查事故隐患排查与整改。

⑦ 参与或主持事故调查、分析和处理工作。

⑧ 其他安全生产工作。

(4) 参建各方安全职责

项目法人、监理单位、施工企业等应根据项目特点、安全生产目标及各自的角色、分工，明确其安全职责。

3. 危险源识别、评价和控制

在水利水电工程建设项目开工前，项目法人应组织参建单位全面辨识、评价现场的危险源，制定控制措施，并编制《危险源辨识、评价和控制手册》，给出土石方工程、基础处理工程、砂石料生产、混凝土工程、砌石工程、堤防工程、渠道、水闸与泵站工程、水工建筑工程、金属结构制作、闸门安装、启闭机安装、电气设备安装工程等各阶段危险源及可能导致的事故，以确定其风险级别。在工程建设过程中，项目法人应根据本工程实际情况，及时更新本项目危险源信息。

4. 安全管理措施

安全管理措施的策划内容应包括安全生产规章制度、安全生产投入、安全教育培训、安全检查等方面。

(1) 安全生产规章制度

建立健全安全生产规章制度是实现项目科学管理、保证工程建设安全、有序进行的重要手段。

参建各方主要建立下列安全生产规章制度。

① 安全生产责任制度。

② 安全生产考核制度。

③ 安全生产教育培训制度。

④ 安全生产会议制度。

⑤ 安全检查及整改制度。

⑥ 危险性较大工程安全施工组织方案审批制度。

⑦ 安全文明施工奖惩制度。

⑧ 特种作业人员管理制度。

⑨ 消防安全管理制度。

⑩ 机械设备管理制度。

⑪ 民用爆炸物品管理制度。

⑫ 文明施工管理制度。

⑬ 事故调查处理制度。

⑭ 环境管理制度。

⑮ 职业健康管理制度。

⑯ 安全生产应急救援预案管理制度。

(2) 安全生产投入

水利水电工程建设项目要具备法定的安全生产条件，就必须有相应的安全生产投入资金作为保障。

要明确工程建设项目安全作业环境及安全施工措施所需费用，细化各阶段安全生产投入计划，提出安全生产费用提取、使用、管理的相关要求，以此保证专款专用。

(3) 安全教育培训

安全教育培训工作是项目安全管理的一项基础工作，是培养员工安全意识、提高员工安全素质的重要手段。

安全教育培训策划应明确安全教育培训管理程序，提出参建各方各类人员安全教育培训要求，明确安全教育培训记录、档案管理要求。

(4) 安全检查

安全检查是项目安全生产工作的重要内容，重点是辨识安全生产工作存在的漏洞和死角，检查生产现场安全防护设施、作业环境是否存在不安全状态，现场作业人员的行为是否符合安全规范，以及设备、系统运行状况是否符合现场规程的要求等。

安全策划应明确参建各方安全检查的职责、方式、内容，提出安全检查工作开展要求，包括安全检查的频次、检查人员、问题处理、检查记录等。

5. 安全技术措施

水利水电工程建设安全管理是一个系统的管理过程，必须对施工现场所有的危险源和危险性较大的作业施工项目进行安全控制，包括防火、防毒、防爆、防洪、防雷击、防坍塌、防物体打击、防溜车、防机械伤害、防高空坠落和防交通事故，以及防寒、防暑、防疫和防环境污染等。因此，在进行安全策划时，必须在识别现场危险源的基础上，对现场潜在的风险制定控制措施。这主要包括下列几个方面。

(1) 针对危险源和重要环境因素，编制相应的安全技术措施。

(2) 对专业性强、危险性大的项目，必须编制专项施工方案，制定详细的安全技术和安全管理措施。

(3) 按照爆炸和火灾危险场所的类别、等级、范围，选择电气设备的安全距离及防雷、防静电、防止误操作等设施。

(4) 对高处作业、临边作业等危险场所、部位，以及刮风雨雪天气、夜间施工等危险期间，应采用安全防护设备、安全设施等相关安全措施。

(5) 对可能发生的事故作出应急救援预案，落实抢救、疏散和应急等措施。

6. 职业健康管理

水利水电工程建设过程中存在着大量粉尘、毒物、红外辐射、紫外辐射、噪声、振动及高温等职业危害因素，这些职业危害因素对劳动者的健康损害极大。

安全策划应明确参建各方职业健康管理制度，对职业危害告知、警示、监护以及职业病危害申报、防治提出要求，以确保职业病诊断及病人保障工作有序开展。

7. 文件和档案管理

文件和档案是各项安全工作的有效证据，项目法人应强化项目文件和档案管理。

安全策划应明确参建各方应保存的文件和档案的类别、各类安全报表的上报流程及时间要求等，并提出文件和档案管理的要求。

8. 事故及应急管理

安全策划应明确参建各方事故报告及调查处理制度、应急管理制度建立要求，明确事故报告、调查和处理的职责、流程、管理要求，明确应急组织机构和队伍建立、应急物资准备、事故发生后的应急救援要求，并依据《生产经营单位生产安全事故应急预案编制导则》(GB/T 29639—2020)，明确参建各方应建立的应急预案，提出应急培训、演练的要求。

9. 安全生产绩效考核

安全生产绩效考核是对项目安全生产工作的评价，是实现安全生产工作持续改进的重要依据。

安全策划应依据上级主管单位的相关要求，明确安全生产绩效考核工作中参建各方的职责，明确安全生产奖励和处罚的依据、项目以及实施程序等。

10. 现场安全文明施工总规划

现场安全文明施工总规划的内容包括施工场区布置、消防安全管理、交通安全管理、环境保护管理、防汛管理、安全防护设施等。

## 第二节　危险源辨识与参建项目安全管理

### 一、危险源辨识、评价与控制

水利水电工程建设项目现场安全管理，实质就是危险源辨识、评价与控制，也即管理场地施工危险源、做好事故预防措施、实现安全生产目标。危险源管理主要包括危险源辨识、危险源评价、危险源控制、危险源更新4个基本步骤。

#### (一) 危险源辨识

危险源辨识是指发现、识别系统中的危险源，它是危险源控制的基础。只有正确辨识了危险源，才能有的放矢地采取措施控制危险源。

### （二）危险源评价

依据危险源辨识结果，采用作业条件危险性评价法（LEC 法）计算每一种危险源所带来的风险，以确定危险源等级。

作业条件危险性评价法，是用与系统风险有关的 3 种因素之积来评价操作人员伤亡风险大小，这 3 种因素是发生事故可能性（L）、人员暴露于危险环境中的频繁程度（E）和一旦发生事故可能造成的后果（C）。

### （三）危险源控制

对危险源的控制主要有技术控制、个人行为控制和管理控制 3 种方法。

技术控制是采用技术措施对危险源进行消除、控制、防护、隔离、监控、保留和转移等。

个人行为控制是通过控制人为失误，减少人的不安全行为并加强教育培训，提高人的安全意识、操作技能等。

管理控制是通过加强完善管理措施控制危险源，建立危险源管理制度和档案、明确责任人和控制措施、定期检查、设置安全警示标志牌等。

### （四）危险源更新

在下列情况下，各有关单位应及时重新组织危险源的辨识与评价，更新危险源信息。

(1) 管理评审有要求时。

(2) 当安全生产法律法规、标准规范及其他要求发生变化时（包括新颁发、修订、替代、废止等情况）。

(3) 工程现场施工发生重大调整和变化时。

(4) 采用新设备、新技术、新工艺、新材料前。

(5) 相关方的抱怨明显增多时。

(6) 发现危险源辨识有遗漏时。

(7) 发生重大及以上生产安全事故等。

## 二、参建各方项目安全管理

### （一）项目法人项目安全管理

1. 项目法人的主要职责

项目法人的主要职责包括以下 15 条。

（1）负责贯彻执行国家、行业及上级有关安全工作的方针、政策、法律、法规，协调解决贯彻落实中出现的问题。

（2）组织建立项目安全生产委员会，设置安全生产管理机构，配备专职安全生产管理人员。

（3）负责提出工程建设项目安全生产总目标和年度安全生产目标。

（4）负责工程安全文明施工总体策划，并组织实施，监督施工企业编制实施二次策划。

（5）建立健全和落实工程项目安全管理制度。

（6）按照相关规定提取安全生产投入。

（7）负责组织开展安全生产标准化建设和安全生产标准化达标评级申报、证件申领和换证工作。

（8）负责组织审查工程承包商安全施工资质，监督设计、监理、施工、调试单位履行安全生产职责。

（9）负责组织对危险性施工区域和危险性较大分部分项工程作业前的安全技术交底，并监督相关安全措施的落实。

（10）负责组织项目安全培训管理，监督检查参建单位安全教育培训实施情况。

（11）负责组织开展本工程建设项目危险源辨识与评价，组织隐患排查治理和安全事故应急管理。

（12）开展工程项目的安全检查。

（13）负责向上级单位报送安全统计报表和其他有关安全分析资料。

（14）参加承包单位人身死亡事故和其他重特大事故的调查处理工作，并承担相应事故的连带责任。

（15）建立项目奖惩机制，开展对全体参建单位的安全检查、考核、评比。

2. 项目法人的主要工作内容

（1）招投标管理

项目法人应对投标单位的安全资质进行审查，对监理单位安全资质审核的主要内容包括投标人的业绩和资信、项目总监理工程师简历及主要监理人员情况、监理规划（大纲）、财务状况。对施工企业安全资质审查的主要内容包括施工方案（或施工组织设计）与工期、安全生产管理机构和安全管理人员配备情况、主要施工设备、安全管理措施、业绩及类似工程经历和资信、财务状况。

（2）编制安全生产措施方案

项目法人编制的保证安全生产的措施方案，应当根据有关法律法规、强制性标准和技术规范的要求并结合工程的具体情况编制，主要包括下列内容。

① 项目概况。

② 编制依据。

③ 安全生产管理机构及相关负责人。

④ 安全生产的有关规章制度制定情况。

⑤ 安全生产管理人员及特种作业人员持证上岗情况。

⑥ 生产安全事故的应急救援预案。

⑦ 工程度汛方案、措施。

⑧ 其他有关事项。

(3) 办理监督手续

项目法人应组织编制保证安全生产的措施方案，并自开工报告批准之日起15日内报有管辖权的水利行政主管部门、流域管理机构或者其委托的水利工程建设安全生产监督机构备案。建设过程中安全生产的情况发生变化时，应及时对保证安全生产的措施方案进行调整，并报原备案机关。

(4) 设置项目安全组织机构

① 安全生产委员会。项目法人成立由主要负责人、领导班子成员、部门负责人和各参建单位现场负责人组成的安全生产委员会，对工程建设项目参建各方特别是施工企业的安全行为进行沟通、监督和约束。项目法人负责建立健全和落实工程项目安全管理制度，定期主持召开安全生产委员会工作例会。

② 安全生产管理机构。按规定设置安全生产管理机构，配备专职的安全生产管理人员。

安全生产管理机构就是安全管理工作的具体执行机构，负责对工程建设安全生产进行监督检查，以保证项目安全管理工作的顺利推进。

(5) 签订安全生产责任书

项目法人在水利水电工程建设项目开工前，应就落实保证安全生产的措施进行全面系统的布置，明确承包单位的安全生产责任。签订安全生产责任书是明确各承包单位责任的有效手段。

施工企业进场后，项目法人应及时与施工企业签订安全生产责任书，项目法人与施工企业签订的合同中有关安全管理要求不能代替安全生产责任书。

安全生产责任书的主要内容包括：甲方（项目法人）和乙方（工程参建方）的名称、承包项目（工作）名称、安全文明施工目标、甲乙双方职责、为实现安全文明施工应采取的措施、考核与奖惩标准、责任书有效期、甲乙双方主要责任人签字及签字时间。

(6) 提供相关资料

项目法人应向施工企业提供施工现场及施工可能影响的毗邻区域内供水、排水、供电、供气、供热、通信、广播电视等地下管线资料，气象和水文观测资料，拟建工程可能影响的相邻建筑物和构筑物、地下工程的有关资料，并保证有关资料的真实、准确、完整，以满足有关技术规范的要求。

(7) 安全生产费用管理

项目法人在编制工程概算时，应当明确工程建设项目安全作业环境及安全施工措施所需费用，不得调减或挪用。同时，项目法人应监督施工企业安全生产费用的使用情况，以确保专款专用。

(8) 审批施工组织设计

施工组织设计原则上由施工企业在开工前编制完成，经监理单位审核后，提交至项目法人审批。项目法人应根据现场实际状况，仔细分析施工组织总设计的可操作性和完整性后进行审批，审批之前可提出修改意见，要求施工企业修改，审批之后才可由施工企业遵照执行。

(9) 安全检查

项目法人应定期组织全面安全检查，检查的主要内容如下。

① 各参建单位各项安全生产规章制度是否完善，安全管理体系、保证体系和监督体系是否健全，运行是否正常。

② 各施工项目工作面存在的事故隐患。

③ 各单位预防安全事故的措施是否得当。

④ 各单位各级安全管理和监督部门履行职责的情况。

⑤ 各单位安全生产投入的情况。

⑥ 各施工企业文明施工情况。

检查对象应包括设计单位、监理单位、施工企业和项目法人的职能部门。检查应使用安全检查表，发现的隐患和管理漏洞应下发“安全生产监督通知书”，限期整改，整改结果经监理工程师验收签字后，报项目法人安全主管部门备案。

(10) 安全会议

安全会议主要是通过召开安全工作会议，及时总结、通报安全情况，贯彻落实上级部门对安全工作的要求，协调解决有关安全生产问题。一般建设工程现场主要有安全生产委员会会议、安全周例会、安全专题会议。

安全生产委员会会议由安全生产委员会主任组织，负责发布现场各参建单位必须遵守的统一的安全健康与环境保护工作的规定，决定工程中的重大安全问题的解决办法，协调各施工企业之间的关系。

安全周例会一般由项目法人组织，各参建单位安全负责人参加，主要是总结一周的安全工作情况，布置下周的安全工作，交流安全管理的经验。

安全专题会议有较强的针对性，主要是针对重大的安全决议或安全事件、事故举行的会议，根据具体涉及范围的不同，专题会议可以由安全生产委员会组织，也可以由安全生产管理机构组织。

所有安全工作会议均应形成书面会议纪要，并发布给所有参建单位，以便各参建单位明确并落实会议决议的要求，参加人员和单位要有会议签到和纪要签收记录。

(11) 安全档案管理

在项目开工建设期间制定的各种安全生产规章制度、程序文件以及在现场安全管理过程中产生的大量数据记录及资料，都必须归档。如安全会议记录、检查及整改记录、培训记录、三类人员安全资质备案、特种作业人员资质备案、奖惩记录、宣传材料、培训材料、事故报告、事故调查及处理、事故统计等。

### (二) 施工企业项目安全管理

1. 施工企业的主要职责

施工企业主要包括下列职责。

(1) 认真贯彻执行国家有关工程建设安全生产的方针、政策、法律、法规。

(2) 负责依据工程项目年度安全目标，制定本单位安全生产目标。

(3) 服从项目法人、监理单位对安全工作的管理，全面遵守项目法人在发包合同中及施工现场规定的各项条款。

(4) 按项目法人安全文明施工总体措施策划的要求，制定并落实项目安全文明施工总体措施策划工作。

(5) 建立安全生产管理机构，配置专职安全生产管理人员。

(6) 负责适用的安全生产法律法规、标准规范的识别、获取、发布和使用。

(7) 建立健全本单位安全生产管理制度体系。

(8) 按照相关要求落实安全生产费用，做到专款专用。

(9) 组织危险源、环境因素的识别、评价和控制工作。

(10) 配合项目法人，或独立进行施工现场安全检查，对所承担的水利工程进行定期和专项安全检查，并做好安全检查记录，及时发现事故隐患，并对隐患进行分级治理及监控。

(11) 严格分包单位的施工资质和安全资质审查，严格控制分包范围（主体工程不得分包）。分包工程及分包单位资质，必须报监理单位审查批准，并征得项目法人同意后方可分包工程项目。

（12）将项目法人对分包单位的要求传递给分包单位，并监督分包单位落实总体措施策划及项目法人的要求。

（13）组织各类人员（包括特种作业人员、特种设备作业人员、新员工、换岗或转岗人员等）的安全教育和培训工作。

（14）负责制订本单位安全活动策划方案。

（15）对施工设备进行使用前的验收，组织有资质的检验机构对特种设备进行检验。

（16）建立施工设备台账及管理档案。

（17）负责施工设备的日常维护保养、维修结束后的验收、专项检查。

（18）针对危险作业，编制并落实安全技术措施，执行安全技术交底。

（19）负责本单位的消防安全、交通安全、治安保卫管理。

（20）建立本单位应急预案体系，组织应急培训及演练活动。

（21）按照变更审批、验收程序实施变更管理。

（22）落实项目法人对本单位的安全文明施工考核，并定期组织本单位安全文明施工情况的评价和考核。

（23）承担合同中明确的其他安全工作责任。

2. 施工企业的主要工作内容

（1）资质报审

施工企业应当在依法取得安全生产许可证后，方可从事施工活动。施工企业应将主要负责人、项目负责人、专职安全生产管理人员等的相关资质报监理单位、项目法人审核。

（2）确定安全生产目标

施工企业应根据上级的有关规定，确定整个工程建设期、单位工程及年度安全生产目标，并报上级主管部门备案。项目安全生产目标的实施结果，是对施工企业进行安全考核的依据。

（3）设立组织机构

① 安全生产委员会。施工企业应成立以主要负责人为领导，有领导班子成员及部门负责人参加的安全生产委员会（或安全生产领导小组）。

② 安全生产管理机构及安全生产管理人员。按规定设置安全生产管理机构，并配备经水利行政主管部门安全生产考核合格的专职安全生产管理人员。

（4）建立安全管理制度或体系

为了规范现场施工人员的各种行为，营造环保、安全、文明施工环境，施工企业应制定项目安全生产管理制度或编制项目安全管理体系文件。

施工企业在建设有度汛要求的水利工程时，应根据项目法人编制的工程度汛方案、措施制订相应的度汛方案，报项目法人批准，涉及防汛调度或者影响其他工程、设施度汛安全的，由项目法人报有管辖权的防汛指挥机构批准。

(5) 编制安全技术措施和专项施工方案

施工企业应在施工组织设计中，编制安全技术措施和施工现场临时用电方案，对下列达到一定规模的危险性较大的工程应编制专项施工方案，并附具安全验算结果，经施工企业技术负责人签字以及总监理工程师核签后实施，由专职安全生产管理人员进行现场监督。

① 基坑支护与降水工程。

② 土方和石方开挖工程。

③ 模板工程。

④ 起重吊装工程。

⑤ 脚手架工程。

⑥ 拆除、爆破工程。

⑦ 围堰工程。

⑧ 其他危险性较大的工程。

对工程中涉及高边坡、深基坑、地下暗挖工程、高大模板工程的专项施工方案，施工企业还应组织专家进行论证、审查。

(6) 安全教育培训

① 安全生产管理人员的培训。安全生产管理人员（包括主要负责人、项目负责人、安全生产管理人员）经水利行政主管部门考核合格，并且每年还应进行再培训。

② 三级安全教育培训。新进场作业人员在上岗前，必须接受三级安全教育培训，即从公司、项目、班组层面对新进场作业人员进行安全教育培训。

③ “五新”培训。在新工艺、新技术、新材料、新装备、新流程投入使用前，对有关管理、操作人员进行安全技术和操作技能培训。

④ 转岗、离岗人员安全教育培训。作业人员转岗、离岗一年以上重新上岗前，应进行项目部、班组安全教育培训，并经考核合格后上岗作业。

⑤ 经常性安全教育培训。对在岗的作业人员，施工企业每年应进行不少于12学时的经常性安全生产教育培训。

⑥ 其他安全教育培训。包括针对外来参观、学习人员进行有关安全规定、可能接触到的危险及应急知识等内容的安全教育培训，针对应急预案、演练等应急知识的培训，针对特种作业人员的培训等。

(7) 安全记录

施工企业应制定记录管理制度，明确记录的管理职责及记录的填写、收集、标记、储存、保护、检索、保留和处置要求，并严格执行。

施工企业应保存的记录包括：安全费用提取使用记录，劳动防护用品采购发放记录，技术文件及其编制、审批、发放记录，事故、事件记录及调查报告，危险源辨识、评价、控制记录，检查、整改记录，职业卫生检查与监护记录，检验、检测、校验记录，设备安全管理记录，安全设施管理记录，应急演练记录，对分包方和供应方监管记录，安全生产会议记录，安全活动记录，安全培训记录，人员资格证书以及安全奖惩记录等。

(8) 特种作业人员管理

特种作业人员必须经专门的安全技术培训并考核合格，取得《中华人民共和国特种作业操作证》后，方可上岗作业。特种作业人员离岗6个月以上重新上岗前，还应接受实际操作考核。

特种作业人员是现场管理重点监控的对象，应实行入场登记管理。特种作业人员，严禁无证上岗、违章作业。监理单位检查特种作业操作证原件，并将复印件加盖施工企业公章存档并向项目法人报备存档。项目法人监督监理单位和施工企业落实特种作业持证上岗的核查管控情况，发现无证上岗的，项目法人有权要求清退违规作业人员，并追究有关单位和人员的管理责任。

(9) 事故隐患排查和治理

施工企业应根据项目法人的相关要求做好日常的事故隐患排查工作，安全检查是事故隐患排查的主要实施方式，在检查中发现的事故隐患，应当按照事故隐患的等级进行登记，建立事故隐患汇总登记台账和档案，并按照职责分工实施监控治理。

(10) 现场验收

施工企业在使用施工起重机械和整体提升脚手架、模板等自升式架设设施前，应组织有关单位进行验收，也可以委托具有相应资质的检验检测机构进行验收；使用承租的机械设备和施工机具及配件的，由施工总承包单位、分包单位、出租单位和安装单位共同进行验收，验收合格的方可使用。

(11) 文明施工

施工企业在工程开工前，将文明施工纳入工程组织设计，建立健全组织机构及各项文明施工措施，并保证各项制度和措施的有效落实。

施工企业应做好现场安全标志、标牌、安全设施的设置，确保各类安全标志、安全设施齐全、完善、可靠；合理布置施工厂房和生活用房、风水电管线、通信设施、施工照明灯等；确保施工道路平整、畅通，施工设备设施存放、材料工具摆放整齐、有序；消防器材齐全，消防通道畅通；施工环境整洁、优美。

### (三) 监理单位项目安全管理

1. 监理单位的主要职责

(1) 负责制定监理安全管理工作规划和实施细则，建立本单位安全管理制度体系，并监督施工企业安全管理制度建立和执行情况。

(2) 负责本单位适用的安全生产法律法规、标准规范的识别、获取、发布和使用。

(3) 负责对施工企业安全生产法律法规、标准规范、规章制度、操作规程的执行情况和适用情况进行监督检查。

(4) 负责监督施工企业危险源和环境因素评价、控制情况。

(5) 监督施工企业安全生产费用使用情况。

(6) 负责工程项目的日常安全检查，召开安全监督例会，并配合上级单位、项目法人组织的安全检查工作，发现事故隐患，要求施工企业进行整改，并监督整改落实情况。

(7) 监督施工企业的安全教育培训工作，监督检查特种作业人员、特种设备作业人员持证上岗情况。

(8) 负责制定本单位安全活动策划方案，开展安全文化活动，并监督施工企业安全活动策划及安全活动实施情况。

(9) 负责大型施工设备准入管理，进场施工设备的验证。

(10) 建立施工设备台账及管理档案。

(11) 组织重要安全防护设施、重大事故隐患整改验收等。

(12) 审查施工组织设计中的安全技术措施、专项施工方案和施工临时用电方案，并监督实施。

(13) 审核施工企业制订的应急预案。

(14) 负责本单位的消防安全、交通安全、治安保卫管理。

(15) 按照变更审批、验收程序实施变更管理。

(16) 负责对施工企业安全文明施工情况进行评价，提出安全文明施工考核建议。

2. 监理单位的主要工作内容

(1) 施工准备阶段的安全审查

施工准备阶段监理单位应对施工企业有关文件、报告和报表进行审查，主要内容包括下列几点。

① 审查进入水利水电工程建设现场各施工企业的安全生产许可证、资质等级等相关证明文件和三类人员上岗资质，施工企业安全生产管理机构及安全生产管理人

员配备情况，安全生产管理制度、操作规程建立情况。

② 审查正式开工报告所需的文件，根据项目法人划分的审批权限，办理开工指令。

③ 审查施工企业提交的施工组织设计中的安全技术措施，以及危险性较大工程的专项施工方案和安全文明措施方案。

④ 审查施工企业提交的有关安全教育资料，以及特种设备检验报告和进场设备验收合格报告。

⑤ 审查施工企业提交的安全动态、进度计划等统计资料或图表。

⑥ 参与图纸会审，审核设计变更图纸。

⑦ 审查工程安全事故处理报告。

⑧ 审查新工艺、新技术、新材料、新结构的技术鉴定书。

⑨ 审查施工企业提交的关于工序交接检查、危险性较大工程安全检查报告。

(2) 施工实施阶段的安全检查

安全检查是监理人员发现施工企业安全管理问题的主要方式，是了解施工企业安全状况的主要途径，也是监理人员进行安全监控的基础。

安全检查的主要方式包括下列4种。

① 旁站。结合日常监理工作，在施工现场对工程项目的重要部位和关键工序的施工，实施连续性的全过程检查、监督与管理。

② 巡视。采取定期检查和不定期的巡视检查，对施工现场实施全方位的安全监督。

③ 专项检查。结合工程建设情况，对危险性较大的施工作业或重点部位进行专项检查。

④ 例行检查。按工程建设项目制定的有关规定定期进行安全检查。

(3) 事故隐患处理

对于事故隐患的处理，监理人员应根据事故隐患的等级，提出相应的整改要求，并跟踪整改落实情况。

① 对于检查出的人员违章等能够立即整改排除的一般事故隐患，监理人员应要求相关责任人员立即组织整改排除。

② 对于无法立即整改的一般事故隐患和重大事故隐患，监理人员应发出事故隐患整改通知单，并进行跟踪复查。

③ 对于重大事故隐患，监理人员还应要求施工企业制定重大事故隐患治理方案，在重大事故隐患治理前采取临时控制措施并制订应急预案。

(4) 执行安全生产奖惩

通过执行安全生产协议书中安全生产奖惩制，确保施工过程中的安全，促使施工生产顺利进行。

(5) 安全监理记录与报告

建立健全安全监理记录与报告是做好安全监控的重要环节。

监理人员应对工程建设项目现场进行全面了解，掌握安全工作的具体情况，掌握安全工作动态，保存相关安全记录与报告，确保安全监理记录与报告完整齐全、真实可靠。

安全监理记录包括安全检查记录、审查记录等，安全监理报告包括月报、年报、专题报告等。

## 第三节 现场安全文明施工管理

### 一、现场布置

水利水电工程建设项目整体场区规划由项目法人进行统筹管理，各承包单位在进场前应充分考察场地实际情况，掌握原有建筑物、构筑物、道路、管线资料，并根据项目法人的要求，针对现有条件科学合理地布置施工现场。

(1) 现场施工总体规划布置应遵循合理使用场地、有利施工、便于管理等基本原则。分区布置应满足防洪、防火等安全要求及环境保护要求。

(2) 生产、生活、办公区和危险化学品仓库的布置，应遵守下列规定。

①与工程施工顺序和施工方法相适应。

②选址地质稳定，不受洪水、滑坡、泥石流、塌方及危石等自然灾害威胁。

③交通道路畅通，区域道路宜避免与施工主干线交叉。

④生产车间，生活、办公房屋，仓库的间距应符合防火安全要求。

⑤危险化学品仓库应远离其他区域布置。

(3) 施工区内起重设施、施工机械、移动式电焊机及工具房、水泵房、空压机房、电工值班房等布置应符合安全、卫生、环境保护要求。

(4) 混凝土、砂石料等辅助生产系统和制作加工维修厂、车间的布置，应符合下列要求。

①单独布置，基础稳固，交通方便、畅通。

②应设置处理废水、粉尘等污染的设施。

③应减少因施工生产产生的噪声对生活区域、办公区域的干扰。

（5）生产区仓库、堆料场布置应符合下列要求。

①单独设置并靠近所服务的对象区域，进出交通畅通。

②存放易燃、易爆、有毒等危险物品的仓储场所应符合有关安全的要求。

③有消防通道和消防设施。

（6）生产区大型施工机械与车辆停放场的布置应与施工生产相适应，要求场地平整、排水畅通、基础稳固，并应满足消防安全要求。

（7）弃渣场布置应满足环境保护、水土保持和安全防护的要求。

## 二、施工道路及交通

（1）永久性机动车辆道路、桥梁、隧道，应按照《公路工程质量检验评定标准》（JTG F80/1—2017）的有关规定，并考虑施工运输的安全要求进行设计修建。

（2）施工生产区内机动车辆临时道路应符合下列规定。

①道路纵坡不宜大于 8%，进入基坑等特殊部位的个别短距离地段最大纵坡不应超过 15%；道路最小转弯半径不应小于 15 m；路面宽度不应小于施工车辆宽度的 1.5 倍，且双车道路面宽度不宜窄于 7.0 m，单车道不宜窄于 4.0 m。单车道应在可视范围内设有会车位置。

②路基基础及边坡保持稳定。

③在急弯、陡坡等危险路段及岔路、涵洞口应设有相应警示标志。

④悬崖陡坡、路边临空边缘除应设有警示标志外，还应设有安全墩、挡墙等安全防护设施。

⑤路面应经常清扫、维护和保养并应做好排水设施，不应占用有效路面。

（3）交通繁忙的路口和危险地段应有专人指挥或监护。

（4）施工现场的轨道机车道路，应遵守下列规定。

①基础稳固，边坡保持稳定。

②纵坡应小于 3%。

③机车轨道的端部应设有钢轨车挡，其高度不低于机车轮的半径，并设有红色警示灯。

④机车轨道的外侧应设有宽度不小于 0.6 m 的人行通道，人行通道临空高度大于 2.0 m 时，边缘应设置防护栏杆。

⑤机车轨道、现场公路、人行通道等的交叉路口应设置明显的警示标志或设专人值班监护。

⑥设有专用的机车检修轨道。

⑦通信联系信号齐全可靠。

(5) 施工现场临时性桥梁，应根据桥梁的用途、承重载荷和相应技术规范进行设计修建，并符合下列要求。

①宽度应不小于施工车辆最大宽度的 1.5 倍。

②人行道宽度应不小于 1.0 m ，并应设置防护栏杆。

(6) 施工现场架设临时性跨越沟槽的便桥和边坡栈桥，应符合下列要求。

①基础稳固、平坦畅通。

②人行便桥、栈桥宽度不应小于 1.2 m。

③手推车便桥、栈桥宽度不应小于 1.5 m。

④机动翻斗车便桥、栈桥，应根据荷载进行设计施工，其最小宽度不应小于 2.5 m。

⑤设有防护栏杆。

(7) 施工现场的各种桥梁、便桥上不应堆放设备及材料等物品，应及时维护、保养，定期进行检查。

(8) 施工交通隧道，应符合下列要求。

①隧道在平面上宜布置为直线。

②机车交通隧道的高度应满足机车以及装运货物设施总高度的要求，宽度不应小于车体宽度与人行通道宽度之和的 1.2 倍。

③汽车交通隧道洞内单线路基宽度不应小于 3.0 m，双线路基宽度不应小于 5.0 m。

④洞口应有防护设施，洞内不良地质条件洞段应进行支护。

⑤长度为 100 m 以上的隧道内应设有照明设施。

⑥应设有排水沟，排水畅通。

⑦隧道内斗车路基的纵坡不宜超过 1.0%。

(9) 施工现场工作面、固定生产设备及设施处所等应设置人行通道，并应符合下列要求。

①基础牢固、通道无障碍、有防滑措施并设置护栏，无积水。

②宽度不应小于 0.6 m。

③危险地段应设置警示标志或警戒线。

## 三、封闭管理

(1) 施工现场进出口设置大门，并设置门卫值班室。

(2) 建立门卫值守管理制度，并配备门卫值守人员。

(3) 施工人员进入施工现场佩戴工作卡。

(4) 施工现场及各项目部的入口处设置明显的企业名称、工程概况、项目负责人、文明施工纪律等标示牌。

## 四、消防安全管理

水利水电工程建设现场存在大量的易燃易爆危险物品及场所，如可燃的建筑材料、油库、危化品仓库、宿舍、动火作业场所等，一旦发生火灾，就会带来巨大的财产损失和人身伤亡事故。因此，在项目管理中必须做好消防安全管理。

### （一）消防安全管理制度

项目法人、监理单位和施工企业应建立完善的消防安全管理制度，并严格实施。

### （二）消防安全检查

施工过程中，施工现场的消防安全负责人应定期组织消防安全管理人员，对施工现场的消防安全进行检查。消防安全检查应包括下列主要内容。

（1）可燃物及易燃易爆危险品的管理是否落实。

（2）动火作业的防火措施是否落实。

（3）用火、用电、用气是否存在违章操作，电、气焊及保温防水施工是否符合操作规程。

（4）临时消防设施是否完好有效。

（5）临时消防车道及临时疏散设施是否畅通。

### （三）临时消防设施

项目法人安全管理部门要对各参建单位的消防器材的配置、采购、消防器材的摆放、消防器材的检查测试情况、器材的及时更换维护和经费的保证情况予以监督。对不符合的要责令其整改落实，以保障消防设施和器材的有效性。

施工现场临时消防设施应满足下列要求。

（1）施工现场应设置灭火器、临时消防给水系统和临时消防应急照明等临时消防设施。

（2）临时消防设施应与在建工程的施工同步设置。

（3）施工现场在建工程可利用已具备使用条件的永久性消防设施作为临时消防设施。当永久性消防设施无法满足使用要求时，应增设临时消防设施，并应符合《建设工程施工现场消防安全技术规范》（GB 50720—2011）中的有关规定。

（4）施工现场的消火栓泵应采用专用消防配电线路。专用消防配电线路应自施工现场总配电箱的总断路器上端接入，且应保持不间断供电。

(5) 临时消防给水系统的储水池、消火栓泵、室内消防竖管及水泵接合器等，应设有醒目标识。

### (四) 火灾隐患整改

项目法人、监理单位应对检查中存在的火灾隐患责令其及时消除，并复查整改落实情况。对不能当场改正的火灾隐患应按有关规定，向责任单位提出制定整改方案的要求，限期落实整改。

### (五) 动火作业管理

施工现场用火，应符合下列要求。

(1) 动火作业应办理动火作业票，动火作业票的签发人收到动火申请后，应前往现场查验并确认动火作业的防火措施落实后，方可签发动火作业票。

(2) 动火操作人员应具有相应资格。

(3) 焊接、切割、烘烤或加热等动火作业前，应对作业现场的可燃物进行清理；对于作业现场及其附近无法移走的可燃物，应采用不燃材料对其覆盖或隔离。作业现场应配备灭火器材，并设动火监护人进行现场监护，每个动火作业点均应设置一个监护人。

(4) 施工作业安排时，宜将动火作业安排在使用可燃建筑材料的施工作业前进行。确需在使用可燃建筑材料的施工作业之后进行动火作业，应采取可靠的防火措施。

(5) 裸露的可燃材料上严禁直接进行动火作业。

(6) 五级 (含五级) 以上风力时，应停止焊接、切割等室外动火作业，否则应采取可靠的挡风措施。

(7) 动火作业后，应对现场进行检查，确认无火灾危险后，动火操作人员方可离开。

(8) 具有火灾、爆炸危险的场所严禁明火。

### (六) 防火重点部位或场所

防火重点部位管理，应符合下列要求。

(1) 施工企业应建立防火重点部位或场所档案。

(2) 施工现场的重点防火部位或场所，应设置防火警示标识。

(3) 防火重点部位或场所需动火作业时，应严格执行动火审批制度。

## 五、环境保护管理

水利水电工程建设施工现场环境保护的主要目的在于保障从业人员的健康，保证不发生群体健康事故，同时，避免施工对周围环境造成的污染，以达到项目安全管理的整体目标。

水利水电工程建设现场在施工过程中会产生噪声、废水、固体废弃物、现场粉尘等污染物，参与各方应严格落实环境因素识别及废水、废弃物、噪声等污染物的管理，项目法人应对各参建单位的环境保护管理情况进行统一管理和监督。

### （一）总体要求

（1）在工程的施工组织设计中应有防治大气、水土和噪声污染的有效措施。

（2）施工企业应采取有效的职业病防护措施，为作业人员提供必备的防护用品，对从事有职业病危害作业的人员应定期进行体检和培训。

（3）施工现场必须建立环境保护管理和检查制度，并应做好检查记录。

（4）对施工现场作业人员的教育培训、考核应包括环境保护、环境卫生等有关法律法规的内容。

### （二）环境因素识别

在开工前，项目法人应组织各参建单位对施工过程中潜在的环境因素进行识别，并进行分析评价，制定控制措施，并编制《施工现场环境因素清单》，同时，各参建单位应根据清单制定的控制措施严格执行。

由于此清单是在项目开工前编制的，在具体施工过程可能与实际不符合，因此，清单内容应视工程实际情况定期进行更新。

### （三）粉尘管理

（1）施工现场的主要道路必须进行硬化处理，土方应集中堆放。裸露的场地和集中堆放的土方应采取覆盖、固化或绿化等措施。

（2）拆除建筑物、构筑物时，应采用隔离、洒水等措施。

（3）施工现场土方作业应采取防止扬尘措施。

（4）从事土方、渣土和施工垃圾运输应采用密闭式运输车辆或采取覆盖措施；施工现场出入口处应采取保证车辆清洁的措施。

（5）施工现场的材料和大模板等存放场地必须平整坚实。水泥和其他易飞扬的细颗粒建筑材料应密闭存放或采取覆盖等措施。

(6) 施工现场混凝土搅拌场所应采取封闭、降尘措施。

### (四) 废水管理

为了有效预防和治理水体污染，各参建单位必须对施工现场的废水排放进行控制检查，以实现节能降耗和保护环境的目的。废水管理的范围包括雨水的管理、施工污水的管理、生活废水的管理。

(1) 施工现场污水排放应达到国家标准规定的要求。

(2) 在施工现场应针对不同的污水，设置相应的处理设施，如沉淀池、隔油池、化粪池等。

(3) 配合污水排放检测单位进行废水水质检测。

(4) 保护地下水环境。

(5) 对于化学品等有毒材料、油料的储存地，应有严格的隔水层设计，做好渗漏液的收集和处理。

### (五) 废弃物管理

为了保证工程建设施工现场产生的建筑垃圾和办公废弃物得到有效的控制和处理，施工企业应加强对废弃物的管理，防止或减少废弃物对环境造成的污染和危害。

(1) 建筑物内施工垃圾的清运，必须采用相应容器或管道运输，严禁凌空抛掷。

(2) 施工现场应设置密闭式垃圾站，施工垃圾、生活垃圾应分类存放，并应及时清运出场。

### (六) 噪声管理

水利水电工程建设施工现场的噪声源，主要包括施工机械的运行、电动工具的操作、模板的支拆和修复与清理等，都会对周围环境造成一定的影响。

在开工前，项目法人、监理单位应监督施工企业到工程建设项目所在辖区的建设行政主管部门或环保部门进行噪声排放申请，经批准后方可施工。

同时，项目法人、监理单位应监督施工企业编制施工生产中应该控制的噪声源清单，以便监督和管理，同时将噪声源清单报项目法人安全管理部门，并且，监理单位要对施工企业遵守情况进行日常监督检查，对不符合规定的要及时制定有效的纠正措施，并监督施工企业按要求执行。

施工现场噪声管理，应符合下列要求。

(1) 施工现场应按照现行国家标准《建筑施工场界环境噪声排放标准》(GB 12523—2011) 制定降噪措施，并可由施工企业自行对施工现场的噪声值进行监测和记录。

(2) 施工现场的强噪声设备宜设置在远离居民区的一侧，并应采取降低噪声措施。

(3) 对因生产工艺要求或其他特殊需要，确需在夜间进行超过噪声标准施工的，施工前建设单位应向有关部门提出申请，经批准后方可进行夜间施工。

(4) 运输材料的车辆进入施工现场，严禁鸣笛，装卸材料应做到轻拿轻放。

## 六、安全防护设施

(1) 道路、通道、洞、孔、井口、高出平台边缘等设置的安全防护栏杆应由上、中、下三道横杆和栏杆柱组成，高度不应低于 1.2 m，柱间距应不大于 2.0 m。栏杆柱应固定牢固、可靠，栏杆底部应设置高度不低于 0.2m 的挡脚板。

(2) 高处临边、临空作业应设置安全网，安全网距工作面的最大高度不应超过 3.0 m，水平投影宽度应不小于 2.0 m。安全网应挂设牢固，随工作面升高而升高。

(3) 禁止非作业人员进出的变电站、油库、炸药库等场所，应设置高度不低于 2.0 m 的围栏或围墙。

# 第六章　水利工程施工成本管理与进度管理

## 第一节　水利工程施工成本管理

### 一、施工成本计划

(一) 施工成本计划的类型

对于一个施工项目而言，其成本计划的编制是一个不断深化的过程。在这一过程的不同阶段形成作用不同的成本计划，按其作用可分为 3 类。

1. 竞争性成本计划

竞争性成本计划，即工程项目投标及签订合同阶段的估算成本计划。这类成本计划是以招标文件中的合同条件、投标者须知、技术规程、设计图纸或工程量清单等为依据，以有关价格条件说明为基础，结合调研和现场考察获得的情况，根据本企业的工料消耗标准、水平、价格资料和费用指标，对本企业完成招标工程所需要支出的全部费用的估算。在投标报价过程中，虽也着力考虑降低成本的途径和措施，但总体上较为粗略。

2. 指导性成本计划

指导性成本计划，即选派项目经理阶段的预算成本计划，是项目经理的责任成本目标。它是以合同标书为依据，按照企业的预算定额标准制订的设计预算成本计划，但一般情况下只是确定责任总成本指标。

3. 实施性计划成本

实施性计划成本，即项目施工准备阶段的施工预算成本计划，它以项目实施方案为依据，落实项目经理责任目标为出发点，采用企业的施工定额通过施工预算的编制而形成的实施性施工成本计划。

施工预算和施工图预算虽仅一字之差，但区别较大。

(1) 编制的依据不同

施工预算的编制以施工定额为主要依据，施工图预算的编制以预算定额为主要依据，而施工定额比预算定额划分得更详细、更具体，并对其中所包括的内容，如质量要求、施工方法以及所需劳动工日、材料品种、规格型号等均有较详细的规定或要求。

(2) 适用的范围不同

施工预算是施工企业内部管理用的一种文件，与建设单位无直接关系；而施工图预算既适用于建设单位，又适用于施工单位。

(3) 发挥的作用不同

施工预算是施工企业组织生产、编制施工计划、准备现场材料、签发任务书、考核功效、进行经济核算的依据，它也是施工企业改善经营管理、降低生产成本和推行内部经营承包责任制的重要手段；而施工图预算则是投标报价的主要依据。

### (二) 施工成本计划的编制依据

施工成本计划是施工项目成本控制的一个重要环节，是实现降低施工成本任务的指导性文件。如果针对施工项目所编制的成本计划达不到目标成本要求，就必须组织施工项目管理班子的有关人员重新研究寻找降低成本的途径，重新进行编制。同时，编制成本计划的过程也是动员全体施工项目管理人员的过程，是挖掘降低成本潜力的过程，是检验施工技术质量管理、工期管理、物资消耗和劳动力消耗管理等是否落实的过程。

编制施工成本计划，需要广泛收集相关资料并进行整理，以作为施工成本计划编制的依据。在此基础上，根据有关设计文件、工程承包合同、施工组织设计、施工成本预测资料等，按照施工项目应投入的生产要素，结合各种因素的变化和拟采取的各种措施，估算施工项目生产费用支出的总水平，进而提出施工项目的成本计划控制指标，以此确定目标总成本。目标成本确定后，应将总目标分解落实到各个机构、班组、便于进行控制的子项目或工序。最后，通过综合平衡，编制完成施工成本计划。

施工成本计划的编制依据如下。

第一，投标报价文件。

第二，企业定额、施工预算。

第三，施工组织设计或施工方案。

第四，人工、材料、机械台班的市场价。

第五，企业颁布的材料指导价、企业内部机械台班价格、劳动力内部挂牌价格。

第六，周转设备内部租赁价格、摊销损耗标准。

第七，已签订的工程合同、分包合同 (或估价书)。

第八，结构件外加工计划和合同。

第九，有关财务成本核算制度和财务历史资料。

第十，施工成本预测资料。

第十一，拟采取降低施工成本的措施。

第十二，其他相关资料。

### (三) 施工成本计划的编制方法

施工成本计划的编制方法有以下 3 种。

1. 按施工成本组成编制

建筑安装工程费用项目由分部分项工程费、措施项目费、其他项目费、规费和税金组成。

施工成本可以按成本构成分解为人工费、材料费、施工机械使用费、措施项目费和企业管理费等。

2. 按施工项目组成编制

大中型工程项目通常是由若干单项工程构成的，每个单项工程又包含若干单位工程，每个单位工程下面又包含若干分部分项工程。因此，首先要把项目总施工成本分解到单项工程和单位工程中，然后再进一步分解到分部工程和分项工程中。接下来就要具体地分配成本，编制分项工程的成本支出计划，从而得到详细的成本计划表。

在编制成本支出计划时，既要在项目总的方面考虑总的预备费，也要在主要的分项工程中安排适当的不可预见费，避免在具体编制成本计划时，由于某项内容工程量计算有较大出入，使原来的成本预算失实。

3. 按施工进度编制

编制按工程进度的施工成本计划，通常可利用控制项目进度的网络图进一步扩充而得，即在建立网络图时，一方面确定完成各项工作所需花费的时间，另一方面确定完成这一工作所需的施工成本支出计划。在实践中，将工程项目分解为既能方便地表示时间，又能方便地表示施工成本支出计划，通常如果项目分解程度对时间控制合适的话，则对施工成本支出计划可能分解过细，以至于不可能对每项工作都确定其施工成本支出计划；反之亦然。因此，在编制网络计划时，应充分考虑进度控制对项目划分的要求。同时，还要考虑确定施工成本支出计划对项目划分的要求，做到二者兼顾。通过对施工成本目标按时间进行分解，在网络计划基础上，可获得项目进度计划的横道图，并在此基础上编制成本计划。其表示方式有两种：一种是在时标网络图上按月编制成本计划表示；另一种是利用时间—成本累积曲线（S 形曲线）表示。

以上3种编制施工成本计划的方式并不是相互独立的，在实践中，往往是将这3种方式结合起来使用，从而可以取得扬长避短的效果。例如，将按项目分解总施工成本与按施工成本构成分解总施工成本两种方式相结合，横向按施工成本构成分解、纵向按项目分解，或相反。这种分解方式有助于检查各分部分项工程施工成本构成是否完整，有无重复计算或漏算。同时，还有助于检查各项具体的施工成本支出的对象是否明确或落实，并且可以从数字上校核分解的结果有无错误。或者还可将按子项目分解总施工成本计划与按时间分解总施工成本计划结合起来，一般纵向按项目分解、横向按时间分解。

## 二、施工成本控制

### （一）施工成本控制的依据

施工成本控制的依据包括以下内容。

1. 工程承包合同

施工成本控制要以工程承包合同为依据，围绕降低工程成本这个目标，从预算收入和实际成本两方面，努力挖掘增收节支潜力，以求获得最大的经济效益。

2. 施工成本计划

施工成本计划是根据施工项目的具体情况制订的施工成本控制方案，既包括预定的具体成本控制目标，又包括实现控制目标的措施和规划，是施工成本控制的指导性文件。

3. 进度报告

进度报告提供了每一时刻工程实际完成量、工程施工成本实际支付情况等重要信息。施工成本控制工作正是通过实际情况与施工成本计划相比较，找出二者之间的差别，分析偏差产生的原因，从而采取措施改进以后的工作。此外，进度报告还有助于管理者及时发现工程实施中存在的隐患，并在事态还未造成重大损失之前采取有效措施，尽量避免损失。

4. 工程变更

在项目的实施过程中，由于各方面的原因，工程变更是很难避免的。工程变更一般包括设计变更、进度计划变更、施工条件变更、技术规范与标准变更、施工次序变更、工程数量变更等。一旦出现变更，工程量、工期、成本都必将发生变化，从而使得施工成本控制工作变得更加复杂和困难。因此，施工成本管理人员就应当通过对变更要求当中各类数据的计算、分析，随时掌握变更情况，包括已发生工程量、将要发生工程量、工期是否拖延、支付情况等重要信息，判断变更以及变更可能带来的索赔额度等。

除上述几种施工成本控制工作的主要依据外，有关施工组织设计、分包合同等也都是施工成本控制的依据。

### (二) 施工成本控制的步骤

在确定了施工成本计划之后，必须定期进行施工成本计划值与实际值的比较。当实际值偏离计划值时，分析产生偏差的原因，并采取适当的纠偏措施，以确保施工成本控制目标的实现。其步骤如下。

1. 比较

按照某种确定的方式将施工成本的计划值和实际值逐项进行比较，以发现施工成本是否超支。

2. 分析

在比较的基础上，对比较的结果进行分析，以确定偏差的严重性及偏差产生的原因。这一步是施工成本控制工作的核心，其主要目的在于找出产生偏差的原因，从而采取有针对性的措施，避免或减少相同原因的再次发生或减少由此造成的损失。

3. 预测

根据项目实施情况估算整个项目完成时的施工成本。预测的目的在于为决策提供支持。

4. 纠偏

当工程项目的实际施工成本出现了偏差，应当根据工程的具体情况、偏差分析和预测的结果，采用适当的措施，以期达到使施工成本偏差尽可能小的目的。纠偏是施工成本控制中最具实质性的一步。只有通过纠偏，才能最终达到有效控制施工成本的目的。

它是指对工程的进展进行跟踪和检查，及时了解工程进展状况以及纠偏措施的执行情况和效果，为今后的工作积累经验。

### (三) 施工成本控制的方法

施工阶段是控制建设工程项目成本发生的主要阶段。它通过确定成本目标并按计划成本进行施工、资源配置，对施工现场发生的各种成本费用进行有效控制，其具体的控制方法如下。

1. 人工费的控制

人工费的控制实行“量价分离”的方法，将作业用工及零星用工按定额工日的一定比例综合确定用工数量与单价，并通过劳务合同进行控制。

2. 材料费的控制

材料费的控制同样按照“量价分离”原则，控制材料用量和材料价格。

(1) 材料用量的控制

在保证符合设计要求和质量标准的前提下，合理使用材料，并通过定额管理、计量管理等手段有效控制材料物资的消耗，具体方法如下。

① 定额控制。对于有消耗定额的材料，以消耗定额为依据，实行限额发料制度。在规定限额内分期分批领用，超过限额领用的材料，必须先查明原因，经过一定审批手续方可领料。

② 指标控制。对于没有消耗定额的材料，则实行计划管理和按指标控制的办法。

根据以往项目的实际耗用情况，结合具体施工项目的内容和要求，制定领用材料指标，据以控制发料。超过指标的材料，必须经过一定的审批手续方可领用。

③ 计量控制。准确做好材料物资的收发计量检查和投料计量检查。

④ 包干控制。在材料使用过程中，对部分小型及零星材料（如钢钉、钢丝等）根据工程量计算出所需材料量，并将其折算成费用，由作业者包干控制。

(2) 材料价格的控制

材料价格主要由材料采购部门控制。由于材料价格由买价、运杂费、运输中的合理损耗等所组成，因此，控制材料价格主要是通过掌握市场信息、应用招标和询价等方式控制材料、设备价格。

施工项目的材料物资，包括构成工程实体的主要材料和结构件，以及有助于工程实体形成的周转使用材料和低值易耗品。从价值角度看，材料物资的价值占建筑安装工程造价的60% ~ 70%，其重要程度自然是不言而喻的。由于材料物资的供应渠道和管理方式各不相同，控制的内容和所采取的控制方法也将有所不同。

3. 施工机械使用费的控制

合理选择施工机械设备、合理使用施工机械设备对成本控制均具有十分重要的意义，尤其是高层建筑施工。据某些工程实例统计，高层建筑地面以上部分的总费用中，垂直运输机械费用占6% ~ 10%。由于不同的起重机械各有不同的用途和特点，在选择起重运输机械时，首先应根据工程特点和施工条件确定采取何种不同起重运输机械的组合方式。在确定采用何种组合方式时，首先应满足施工需要，同时要考虑到费用的高低和综合经济效益。

施工机械使用费主要由台班数量和台班单价两方面决定。为有效控制施工机械使用费支出，主要从以下几个方面进行控制。

第一，合理安排施工生产，加强设备租赁计划管理，减少因安排不当引起的设备闲置。

第二，加强机械设备的调度工作，尽量避免窝工，提高现场设备利用率。

第三，加强现场设备的维修保养，避免因不正确使用造成机械设备的停置。

第四，做好机上人员与辅助生产人员的协调与配合，以提高施工机械台班产量。

4. 施工分包费用的控制

分包工程价格的高低，必然对项目经理部的施工项目成本产生一定的影响。因此，施工项目成本控制的重要工作之一就是对分包价格的控制。项目经理部应在确定施工方案的初期就确定需要分包的工程范围。确定分包范围的因素主要是施工项目的专业性和项目规模。对分包费用的控制，主要是要做好分包工程的询价、订立平等互利的分包合同、建立稳定的分包关系网络、加强施工验收和分包结算等工作。

## 三、施工成本分析

### （一）施工成本分析的依据

施工成本分析，就是根据会计核算、业务核算和统计核算提供的资料，对施工成本的形成过程和影响成本升降的因素进行分析，以寻求进一步降低成本的途径。另外，通过成本分析，可从账簿、报表反映的成本现象看清成本的实质，从而增强项目成本的透明度和可控性，为加强成本控制、实现项目成本目标创造条件。

1. 会计核算

会计核算主要是价值核算。会计是对一定单位的经济业务进行计量、记录、分析和检查，作出预测，参与决策，实行监督，旨在实现最优经济效益的一种管理活动。它通过设置会计账户、复式记账、填制和审核会计凭证、登记会计账簿、成本计算、财产清查和编制财务会计报告等一系列有组织有系统的方法，记录企业的一切生产经营活动，然后据以提出一些用货币来反映的有关各种综合性经济指标的数据。资产、负债、所有者权益、营业收入、成本、利润等会计六要素指标，主要是通过会计来核算。由于会计记录具有连续性、系统性、综合性等特点，它是施工成本分析的重要依据。

2. 业务核算

业务核算是各业务部门根据业务工作的需要而建立的核算制度，它包括原始记录和计算登记表，如单位工程及分部分项工程进度登记，质量登记，工效、定额计算登记，物资消耗定额记录，测试记录等。业务核算的范围比会计、统计核算要广，会计和统计核算一般是对已经发生的经济活动进行核算，而业务核算，不但可以对已经发生的，而且可以对尚未发生或正在发生的经济活动进行核算，看是否可以做，是否有经济效果。它的特点是对个别的经济业务进行单项核算。如各种技术措施、新工艺等项目，可以核算已经完成的项目是否达到原定的目的，取得预期的效果，也可以对准备采取措施的项目进行核算和审查，看是否有效果，值不值得采纳，随时都可以进行。业务核算的目的，在于迅速取得资料，在经济活动中及时采取措施进行调整。

3. 统计核算

统计核算是利用会计核算资料和业务核算资料，把企业生产经营活动的大量数据，按统计方法加以系统整理，表明其规律性。它的计量尺度比会计宽，可以用货币计算，也可以用实物或劳动量计量。它通过全面调查和抽样调查等特有的方法，不仅能提供绝对数指标、相对数和平均数指标，还可以计算当前的实际水平，确定变动速度，更可以预测发展的趋势。

### （二）施工成本分析的方法

1. 基本方法

施工成本分析的基本方法包括比较法、因素分析法、差额计算法、比率法等。

(1) 比较法

比较法，又称“指标对比分析法”，就是通过技术经济指标的对比，检查目标的完成情况，分析产生差异的原因，进而挖掘内部潜力的方法。这种方法具有通俗易懂、简单易行、便于掌握的特点，因而得到了广泛的应用，但在应用时必须注意各技术经济指标的可比性。比较法的应用，通常有下列形式。

① 将实际指标与目标指标对比。以此检查目标完成情况，分析影响目标完成的积极因素和消极因素，以便及时采取措施，保证成本目标实现。在进行实际指标与目标指标对比时，还应注意目标本身有无问题。如果目标本身出现问题，则应调整目标，重新正确评价实际工作的成绩。

② 本期实际指标与上期实际指标对比。通过这种对比，可以看出各项技术经济指标的变动情况，以及施工管理水平的提高程度。

③ 与本行业平均水平、先进水平对比。通过这种对比，可以反映本项目的技术管理和经济管理与行业的平均水平和先进水平的差距，进而采取措施赶超先进水平。

(2) 因素分析法

因素分析法又称“连环置换法”，这种方法可用来分析各种因素对成本的影响程度。在进行分析时，首先要假定众多因素中的一个因素发生了变化，而其他因素则不变，然后逐个替换，分别比较其计算结果，以确定各个因素的变化对成本的影响程度。因素分析法的计算步骤如下。

第一，确定分析对象，并计算出实际与目标数的差异。

第二，确定该指标是由哪几个因素组成的，并按其相互关系进行排序（排序规则是先实物量，后价值量；先绝对值，后相对值）。

第三，以目标数为基础，将各因素的目标数相乘，作为分析替代的基数。

第四，将各个因素的实际数按照上面的排列顺序进行替换计算，并将替换后的实际数保留下来。

第五，将每次替换计算所得的结果与前一次的计算结果相比较，两者的差异即为该因素对成本的影响程度。

第六，各个因素的影响程度之和，应与分析对象的总差异相等。

(3) 差额计算法

差额计算法是因素分析法的一种简化形式，它利用各个因素的目标值与实际值的差额来计算其对成本的影响程度。

(4) 比率法

比率法是指用两个以上的指标的比例进行分析的方法。它的基本特点是：先把对比分析的数值变成相对数，再观察其相互之间的关系。常用的比率法有以下几种。

① 相关比率法。由于项目经济活动的各个方面是相互联系、相互依存，又相互影响的，因而可以将两个性质不同而又相关的指标加以对比，求出比率，并以此来考察经营成果的好坏。例如，产值和工资是两个不同的概念，但它们的关系又是投入与产出的关系。在一般情况下，都希望以最少的工资支出完成最大的产值。因此，用产值工资率指标来考核人工费的支出水平，就很能说明问题。

② 构成比率法。又称“比重分析法”或“结构对比分析法”。通过构成比率，可以考察成本总量的构成情况及各成本项目占成本总量的比重，同时可看出量、本、利的比例关系（预算成本、实际成本和降低成本的比例关系），从而为寻求降低成本的途径指明方向。

③ 动态比率法。就是将同类指标不同时期的数值进行对比，求出比率，以分析该项指标的发展方向和发展速度。动态比率的计算，通常采用基期指数和环比指数两种方法。

2. 综合成本的分析方法

所谓综合成本，是指涉及多种生产要素，并受多种因素影响的成本费用，如分部分项工程成本、月（季）度成本、年度成本等。由于这些成本都是随着项目施工的进展而逐步形成的，与生产经营有着密切的关系。因此，做好上述成本的分析工作，无疑将促进项目的生产经营管理，提高项目的经济效益。

(1) 分部分项工程成本分析

分部分项工程成本分析是施工项目成本分析的基础。分部分项工程成本分析的对象为已完成分部分项工程。分析的方法是：进行预算成本、目标成本和实际成本的“三算”对比，分别计算实际偏差和目标偏差，分析偏差产生的原因，为今后的分部分项工程成本寻求节约途径。

分部分项工程成本分析的资料来源是：预算成本来自投标报价成本，目标成本来自施工预算，实际成本来自施工任务单的实际工程量、实耗人工和限额领料单的实耗材料。

由于施工项目包括很多分部分项工程，不可能也没有必要对每一个分部分项工程都进行成本分析，特别是一些工程量小、成本费用微不足道的零星工程。但是，对于那些主要分部分项工程则必须进行成本分析，而且要做到从开工到竣工进行系统的成本分析。这是一项很有意义的工作，因为通过主要分部分项工程成本的系统分析，可以基本上了解项目成本形成的全过程，为竣工成本分析和今后的项目成本管理提供一份宝贵的参考资料。

(2) 月 (季) 度成本分析

月 (季) 度成本分析，是施工项目定期的、经常性的中间成本分析，对于具有一次性特点的施工项目来说，有着特别重要的意义。通过月 (季) 度成本分析，可以及时发现问题，以便按照成本目标指定的方向进行监督和控制，以保证项目成本目标的实现。月 (季) 度成本分析的依据是当月 (季) 的成本报表。

(3) 年度成本分析

企业成本要求一年结算一次，不得将本年成本转入下一年度。而项目成本则以项目的寿命周期为结算期，要求从开工到竣工到保修期结束连续计算，最后结算出成本总量及其盈亏。由于项目的施工周期一般较长，除进行月 (季) 度成本核算和分析外，还要进行年度成本的核算和分析。这不仅是为了满足企业汇编年度成本报表的需要，也是项目成本管理的需要。通过年度成本的综合分析，可以总结一年来成本管理的成绩和不足，为今后的成本管理提供经验和教训，从而可对项目成本进行更有效的管理。

年度成本分析的依据是年度成本报表。年度成本分析的内容，除了月 (季) 度成本分析的 6 个方面以外，重点是针对下一年度的施工进展情况规划切实可行的成本管理措施，以保证施工项目成本目标的实现。

(4) 竣工成本的综合分析

凡是有几个单位工程而且是单独进行成本核算 (成本核算对象) 的施工项目，其竣工成本分析应以各单位工程竣工成本分析资料为基础，再加上项目经理部的经营效益（如资金调度、对外分包等所产生的效益）进行综合分析。如果施工项目只有一个成本核算对象（单位工程），就以该成本核算对象的竣工成本资料作为成本分析的依据。

单位工程竣工成本分析应包括以下 3 方面内容。

第一，竣工成本分析。

第二，主要资源节超对比分析。

第三，主要技术节约措施及经济效果分析。

## 第二节 水利工程施工进度管理

### 一、施工进度计划的作用和类型

#### （一）施工进度计划的作用

施工进度计划具有以下作用。

第一，控制工程的施工进度，使之按期或提前竣工，并交付使用或投入运转。

第二，通过施工进度计划的安排，加强工程施工的计划性，使施工能够均衡、连续、有节奏地进行。

第三，从施工顺序和施工进度等组织措施上保证工程质量和施工安全。

第四，合理使用建设资金、劳动力、材料和机械设备，达到多、快、好、省地进行工程建设的目的。

第五，确定各施工时段所需的各类资源的数量，为施工准备提供依据。

第六，施工进度计划是编制更细一层进度计划（如月、旬作业计划）的基础。

#### （二）施工进度计划的类型

施工进度计划按编制对象的大小和范围不同可分为施工总进度计划、单项工程施工进度计划、单位工程施工进度计划、分部工程施工进度计划和施工作业计划。下面只对常见的几种进度计划作一概述。

1. 施工总进度计划

施工总进度计划是以整个水利水电枢纽工程为编制对象，拟定出其中各个单项工程和单位工程的施工顺序及建设进度，以及整个工程施工前的准备工作和完工后的结尾工作的项目与施工期限。因此，施工总进度计划属于轮廓性（或控制性）的进度计划，在施工过程中主要控制和协调各单项工程或单位工程的施工进度。

施工总进度计划的任务是：分析工程所在地区的自然条件、社会经济资源、影响施工质量与进度的关键因素，确定关键性工程的施工分期和施工程序，并协调安排其他工程的施工进度，使整个工程施工前后兼顾、互相衔接、均衡生产，从而最大限度地合理使用资金、劳动力、设备、材料，在保证工程质量和施工安全的前提下，按时或提前建成投产。

2. 单项工程施工进度计划

单项工程施工进度计划是以枢纽工程中的主要工程项目（如大坝、水电站等单项工程）为编制对象，并将单项工程划分成单位工程或分部、分项工程，拟定出其中各项目的施工顺序和建设进度以及相应的施工准备工作内容与施工期限。它以施工总进度计划为基础，要求进一步从施工程序、施工方法和技术供应等条件上，论证施工进度的合理性和可靠性，尽可能组织流水作业，并研究加快施工进度和降低工程成本的具体措施。反过来，又可根据单项工程施工进度计划对施工总进度计划进行局部微调或修正，并编制劳动力和各种物资的技术供应计划。

3. 单位工程施工进度计划

单位工程进度计划是以单位工程（如土坝的基础工程、防渗体工程、坝体填筑工程等）为编制对象，拟定出其中各分部、分项工程的施工顺序、建设进度以及相应的施工准备工作内容和施工期限。它以单项工程施工进度计划为基础进行编制，属于实施性进度计划。

4. 分部分项工程施工进度计划

分部分项工程施工进度计划是针对工程量较大或施工技术比较复杂的分部分项工程，在依据工程具体情况所制定的施工方案基础上，对其各施工过程所作出的时间安排。例如，大型基础土方工程、复杂的基础加固工程、大体积混凝土工程、大型桩基工程、大面积预制构件吊装工程等，均应编制详细的进度计划，以保证单位工程施工进度计划的顺利实施。

5. 施工作业计划

施工作业计划是以某一施工作业过程（即分项工程）为编制对象，制定出该作业过程的施工起止日期以及相应的施工准备工作内容和施工期限。它是最具体的实施性进度计划。在施工过程中，为了加强计划管理工作，各施工作业班组都应在单位（单项）工程施工进度计划的要求下，编制出年度、季度或逐月（旬）的作业计划。

## 二、施工总进度计划的编制

施工总进度计划是项目工期控制的指挥棒，是项目实施的依据和向导。编制施工总进度计划必须遵循相关的原则，并准备翔实可靠的原始资料，按照一定的方法去编制。

### (一) 施工总进度计划的编制原则

编制施工总进度计划应遵循以下原则。

第一，认真贯彻执行党的方针政策、国家法令法规、上级主管部门对本工程建设的指示和要求。

第二，加强与施工组织设计及其他各专业的密切联系，统筹考虑，以关键性工程的施工分期和施工程序为主导，协调安排其他各单项工程的施工进度。同时，进行必要的多方案比较，从中选择最优方案。

第三，在充分掌握及认真分析基本资料的基础上，尽可能采用先进的施工技术和设备，最大限度地组织均衡施工，力争全年施工，加快施工进度。同时，应做到实事求是，并留有余地，保证工程质量和施工安全。当施工情况发生变化时，要及时调整和落实施工总进度。

第四，充分重视和合理安排准备工程的施工进度。在主体工程开工前，相应各项准备工作应基本完成，为主体工程开工和顺利进行创造条件。

第五，对高坝、大库容的工程，应研究分期建设或分期蓄水的可能性，尽可能减少第一批机组投产前的工程投资。

### (二) 施工总进度计划的编制方法

#### 1. 基本资料的收集和分析

在编制施工总进度计划之前和编制过程中，要收集和不断完善编制施工总进度所需的基本资料。这些基本资料主要有如下几类。

第一，上级主管部门对工程建设的指示和要求，有关工程的合同协议。如设计任务书，工程开工、竣工、投产的顺序和日期，对施工承建方式和施工单位的意见，工程施工机械化程度、技术供应等方面的指示，国民经济各部门对施工期间防洪、灌溉、航运、供水等要求。

第二，设计文件和有关的法规、技术规范、标准。

第三，工程勘测和技术经济调查资料。如地形、水文、气象资料，工程地质与水文地质资料，当地建筑材料资料，工程所在地区和库区的工矿企业、矿产资源、水库淹没和移民安置等资料。

第四，工程规划设计和概预算方面的资料。如工程规划设计的文件和图纸、主管部门的投资分配和定额资料等。

第五，施工组织设计其他部分对施工进度的限制和要求。如施工场地情况、交通运输能力、资金到位情况、原材料及工程设备供应情况、劳动力供应情况、技术供应条件、施工导流与分期、施工方法与施工强度限制以及供水、供电、供风和通信情况等。

第六，施工单位施工技术与管理方面的资料、已建类似工程的经验及施工组织设计资料等。

第七，征地及移民搬迁安置情况。

第八，其他有关资料。如环境保护、文物保护和野生动物保护等。

收集了以上资料后，应着手对各部分资料进行分析和比较，找出控制进度的关键因素。尤其是施工导流与分期的划分，截流时段的确定，围堰挡水标准的拟定，大坝的施工程序及施工强度、加快施工进度的可能性，坝基开挖顺序及施工方法、基础处理方法和处理时间，各主要工程所采用的施工技术与施工方法、技术供应情况及各部分施工的衔接，现场布置与劳动力、设备、材料的供应与使用等。只有把这些基本情况搞清楚，并理顺它们之间的关系，才可能作出既符合客观实际又满足主管部门要求的施工总进度安排。

2. 施工总进度计划的编制步骤

(1) 划分并列出工程项目

总进度计划的项目划分不宜过细。列项时，应根据施工部署分期、分批开工的顺序和相互关联的密切程度依次进行，防止漏项，突出每一个系统的主要工程项目，分别列入工程名称栏内。对于一些次要的零星项目，则可合并到其他项目中去。如河床中的水利水电工程，若按扩大单项工程列项，可以有准备工作、导流工程、拦河坝工程、溢洪道工程、引水工程、电站厂房、升压变电站、水库清理工程、结束工作等。

(2) 计算工程量

工程量的计算一般应根据设计图纸、工程量计算规则及有关定额手册或资料进行。其数值的准确性直接关系到项目持续时间的误差，进而影响进度计划的准确性。当然，设计深度不同，工程量的计算（估算）精度也不一样。在有设计图的情况下，还要考虑工程性质、工程分期、施工顺序等因素，分别按土方、石方、混凝土、水上、水下、开挖、回填等不同情况，分别计算工程量。有时，为了分期、分层或分段组织施工的需要，应分别计算不同高程（如对大坝）、不同桩号（如对渠道）的工程量，制作出累计曲线，以便分期、分段组织施工。计算工程量常采用列表的方式进行。工程量的计量单位要与使用的定额单位相吻合。

在没有设计图或设计图不全、不详时，可参照类似工程或通过概算指标估算工程量。

(3) 分析确定项目之间的逻辑关系

项目之间的逻辑关系取决于工程项目的性质和轻重缓急、施工组织、施工技术等许多因素，概括说来分为两大类。

工艺关系，即由施工工艺决定的施工顺序关系。在作业内容、施工技术方案确定的情况下，这种工作逻辑关系是确定的，不得随意更改。如一般土建工程项目，应按照先地下后地上、先基础后结构、先土建后安装再调试、先主体后围护（或装饰）的原则安排施工顺序。现浇柱子的工艺顺序为：扎柱筋→支柱模→浇筑混凝土→养护和拆模。土坝坝面作业的工艺顺序为：铺土→平土→晾晒或洒水→压实→刨毛。它们在施工工艺上都有必须遵循的逻辑顺序，违反这种顺序将付出额外的代价甚至造成巨大损失。

组织关系，即由施工组织安排决定的施工顺序关系。如工艺上没有明确规定先后顺序关系的工作，由于考虑到其他因素（如工期、质量、安全、资源限制、场地限制等）的影响而人为安排的施工顺序关系，均属此类。例如，由导流方案所形成的导流程序，决定了各控制环节所控制的工程项目，从而也就决定了这些项目的衔接顺序。再如，采用全段围堰隧洞导流的导流方案时，通常要求在截流以前完成隧洞施工、围堰进占、库区清理、截流备料等工作，由此形成了相应的衔接关系。又如，由于劳动力的调配、施工机械的转移、建筑材料的供应和分配、机电设备进场等原因，安排一些项目在先，另一些项目滞后，均属组织关系所决定的顺序关系。由组织关系所决定的衔接顺序，一般是可以改变的。只要改变相应的组织安排，有关项目的衔接顺序就会发生相应的变化。

项目之间的逻辑关系是科学地安排施工进度的基础，应逐项研究，仔细确定。

(4) 初拟施工总进度计划

通过对项目之间进行逻辑关系分析，掌握工程进度的特点，厘清工程进度的脉络之后，就可以初步拟订出一个施工进度方案。在初拟进度时，一定要抓住关键，分清主次，厘清关系，互相配合，合理安排。要特别注意把与洪水有关、受季节性限制较严、施工技术比较复杂的控制性工程的施工进度安排好。

对于堤坝式水利水电枢纽工程，其关键项目一般位于河床，故施工总进度的安排应以导流程序为主要线索。先将施工导流、围堰截流、基坑排水、坝基开挖、基础处理、施工度汛、坝体拦洪、下闸蓄水、机组安装和引水发电等关键性控制进度安排好，其中应包括相应的准备、结束工作和配套辅助工程的进度。这样，构成的总的轮廓进度即进度计划的骨架。然后，再配合安排不受水文条件控制的其他工程项目，形成整个枢纽工程的施工总进度计划草案。

需要注意的是，在初拟控制性进度计划时，对于围堰截流、拦洪度汛、蓄水发电等关键项目，一定要进行充分论证，并落实相关措施。否则，如果延误了截流时机，影响了发电计划，对工期的影响和造成国民经济的损失往往是巨大的。

对于引水式水利水电工程，有时引水建筑物的施工期限成为控制总进度的关键，此时总进度计划应以引水建筑物为主进行安排，其他项目的施工进度要与之相适应。

(5) 调整和优化

初拟进度计划形成以后，要配合施工组织设计其他部分的分析，对一些控制环节、关键项目的施工强度、资源需用量、投资过程等重大问题进行分析计算。若发现主要工程的施工强度过大或施工强度很不均衡（此时也必然引起资源使用的不均衡）时，就应进行调整和优化，使新的计划更加完善，更加切实可行。

必须强调的是，施工进度的调整和优化往往要反复进行，工作量大而枯燥。现阶段已普遍采用优化程序进行电算。

(6) 编制正式施工总进度计划

经过调整优化后的施工进度计划，可以作为设计成果整理以后提交审核。施工进度计划的成果可以用横道进度表（又称“横道图”或“甘特图”）的形式表示，也可以用网络图（包括时标网络图）的形式表示。此外，还应提交有关主要工种工程施工强度、主要资源需用强度和投资费用动态过程等方面的成果。

## 三、网络进度计划

为适应生产的发展和满足科学研究工作的需要，我国20世纪50年代中期出现了工程计划管理的新方法——网络计划技术。该技术采用网络图的形式表达各项工作相互制约和相互依赖的关系，故此得名。用它来编制进度计划，具有十分明显的优越性。各项工作之间的逻辑关系严密，主要矛盾突出，有利于计划的调整与优化和电子计算机的应用。目前，国内外对这一技术的研究和应用已经相当成熟，应用领域也越来越广。

网络图是由箭线（用一端带有箭头的实线或虚线表示）和节点（用圆圈表示）组成，用来表示一项工程或任务进行顺序的有向、有序的网状图形。在网络图上加注工作的时间参数，就形成了网络进度计划（一般简称“网络计划”）。

网络计划的形式主要有双代号与单代号两种。此外，还有时标网络与流水网络等。

### （一）双代号网络图

用一条箭线表示一项工作（或工序），在箭线首尾用节点编号表示该工作的开始和结束。其中，箭尾节点表示该工作开始，箭头节点表示该工作结束。根据施工顺序和相互关系，将一项计划的所有工作用上述符号从左至右绘制而成的网状图形，称为“双代号网络图”。用这种网络图表示的计划叫作“双代号网络计划”。

1. 双代号网络图的内容

双代号网络图是由箭线、节点和线路三个要素所组成的，现将其含义和特性分述如下。

(1) 箭线

在双代号网络图中，一条箭线表示一项工作。需要注意的是，根据计划编制的粗细不同，工作所代表的内容、范围是不一样的，但任何工作（虚的工作除外）都需要占用一定的时间，并消耗一定的资源（如劳动力、材料、机械设备等）。因此，凡是占用一定时间的施工活动，如基础开挖、混凝土浇筑、混凝土养护等，都可以看成一项工作。

除表示工作的实箭线外，还有一种虚箭线。它表示一项虚工作，没有工作名称，不占用时间，也不消耗资源，其主要作用是在网络图中解决工作之间的连接或断开关系问题。

另外，箭线的长短并不表示工作持续时间的长短。箭线的方向表示施工过程的进行方向，绘图时应保持自左向右的总方向。

就工作而言，紧靠其前面的工作称为“紧前工作”，紧靠其后面的工作称为“紧后工作”，与之平行的工作称为“平行工作”，该工作本身则称为“本工作”。

(2) 节点

网络图中表示工作开始、结束或连接关系的圆圈称为“节点”。节点仅为前后诸工作的交接之点，只是一个瞬间，它既不消耗时间，也不消耗资源。

网络图的第一个节点称为“起点节点”，它表示一项计划（或工程）的开始；最后一个节点称为“终点节点”，它表示一项计划（或工程）的结束；其他节点称为“中间节点”。任何一个中间节点既是其前面各项工作的结束节点，又是其后面各项工作的开始节点。因此，中间节点可反映施工的形象进度。

节点编号的顺序是：从起点节点开始，依次向终点节点进行。编号的原则是：每一条箭线的箭头节点编号必须大于箭尾节点编号，并且所有节点的编号不能重复出现。

(3) 线路

在网络图中，顺箭线方向从起点节点到终点节点所经过的一系列箭线和节点组成的可通路径称为“线路”。一个网络图可能只有一条线路，也可能有多条线路，各条线路上所有工作持续时间的总和称为该条线路的“计算工期”。其中，工期最长的线路称为“关键线路”（主要矛盾线），其余线路称为“非关键线路”。位于关键线路上的工作称为“关键工作”，位于非关键线路上的工作称为“非关键工作”。关键工作完成的快慢直接影响整个计划的总工期。关键工作在网络图上通常用粗箭线、双箭线或红色箭线表示。当然，在一个网络图上，有可能出现多条关键线路，它们的计算工期是相等的。

在网络图中，关键工作的比重不宜过大，这样才有助于工地指挥者集中力量抓好主要矛盾。

关键线路与非关键线路、关键工作与非关键工作，在一定条件下是可以相互转化的。例如，采取了一定的技术组织措施，缩短了关键线路上有关工作的作业时间，或使其他非关键线路上有关工作的作业时间延长，就可能出现这种情况。

2. 绘制双代号网络图的基本规则

第一，网络图必须正确地反映各工序的逻辑关系。绘制网络图之前，要正确确定施工顺序，明确各工作之间的衔接关系，根据施工的先后次序逐步把代表各工作的箭线连接起来，绘制成网络图。

第二,一个网络图只允许有一个起点节点和一个终点节点，即除网络的起点和终点外，不得再出现没有外向箭线的节点，也不得再出现没有内向箭线的节点。如果一个网络图中出现多个起点或多个终点，此时可将没有内向箭线的节点全部并为一个节点，把没有外向箭线的节点也全部并为一个节点。

第三，网络图中不允许出现循环线路。在网络图中从某一节点出发，沿某条线路前进，最后又回到此节点，出现循环现象，就是循环线路。循环线路表示的逻辑关系是错误的，在工艺顺序上是相互矛盾的。

第四，网络图中不允许出现代号相同的箭线。网络图中每一条箭线都各有一个开始节点和结束节点的代号，号码不能完全重复。一项工作只能有唯一的代号。

第五，网络图中严禁出现没有箭尾节点的箭线和没有箭头节点的箭线。

第六，网络图中严禁出现双向箭头或无箭头的线段。因为网络图是一种单向图，施工活动是沿着箭头指引的方向去逐项完成的。因此，一条箭线只能有一个箭头，且不可能出现无箭头的线段。

第七，绘制网络图时，宜避免箭线交叉。当交叉不可避免时，可采用过桥法或断线法表示。

第八，如果要表明某工作完成一定程度后，后道工序要插入，可采用分段画法，不得从箭线中引出另一条箭线。

3. 双代号网络图绘制步骤

第一，根据已知的紧前工作，确定出紧后工作，并从左至右先画紧前工作，后画紧后工作。

第二，若没有相同的紧后工作或只有相同的紧后工作，则肯定没有虚箭线；若既有相同的紧后工作，又有不同的紧后工作，则肯定有虚箭线。

第三，相同的紧后工作有虚箭线，不同的紧后工作则无虚箭线。

### (二) 单代号网络图

1. 单代号网络图的表示方法

单代号网络图也是由许多节点和箭线组成的，但节点和箭线的意义与双代号有所不同。单代号网络图的一个节点代表一项工作，而箭线仅表示各项工作之间的逻辑关系。

因此，箭线既不占用时间，也不消耗资源。用这种表示方法，把一项计划的所有施工过程按其先后顺序和逻辑关系从左至右绘制成的网状图形，就叫作“单代号网络图”。用这种网络图表示的计划叫“单代号网络计划”。

单代号网络图与双代号网络图相比，具有如下优点：一是工作之间的逻辑关系更为明确，容易表达，且没有虚的工作；二是网络图绘制简单，便于检查、修改。因此，单代号网络图正得到越来越广泛的应用。

2. 单代号网络图的绘制规则

同双代号网络图一样，绘制单代号网络图也必须遵循一定的规则，这些基本规则主要如下。

第一，网络图必须按照已制订的逻辑关系绘制。

第二，不允许出现循环线路。

第三，工作代号不允许重复，一个代号只能代表唯一的工作。

第四，当有多项工作开始或多项工作结束时，应在网络图两端分别增加一个虚拟的起点节点和终点节点。

第五，严禁出现双向箭头或无箭头的线段。

第六，严禁出现没有箭尾节点或箭头节点的箭线。

3. 单代号网络计划的时间参数计算

(1) 计算工作的最早开始时间和最早完成时间

工作 $i$ 的最早开始时间 $T_i^{ES}$ 应从网络图的起点节点开始，顺着箭线方向依次逐个计算。

起点节点的最早开始时间 $T_i^{ES}$ 如无规定时，其值等于零，即：

$$T_1^{ES}=0 \tag{6-1}$$

其他工作的最早开始时间等于该工作的紧前工作的最早完成时间的最大值，即：

$$T_i^{ES}=\max\left\{T_h^{EF}\right\}=\max\left\{T_h^{ES}+D_h\right\} \tag{6-2}$$

式中：$T_h^{EF}$ ——工作 $i$ 的紧前工作 $h$ 的最早完成时间；$T_h^{ES}$ ——工作 $i$ 的紧前工作 $h$ 的最早开始时间；$D_h$ ——工作 $i$ 的紧前工作 $h$ 的工作持续时间。

工作的最早完成时间 $T_h^{EF}$ 等于工作的最早开始时间加该工作的持续时间。即：

$$T_i^{EF}=T_i^{ES}+D_i \tag{6-3}$$

(2) 计算网络计划计算工期 $T_c$

计算工期的公式为：

$$T_c=T_n^{EF} \tag{6-4}$$

式中，$T_n^{EF}$ ——终点节点 $n$ 的最早完成时间。

(3) 计算相邻两项工作之间的时间间隔

工作 $i$ 到工作 $j$ 之间的时间间隔 $T_{i,j}^{LA}$ ，是工作 $j$ 的最早开始时间与工作 $i$ 的最早完成时间的差值。其大小按下式计算：

$$T_{i,j}^{LA}=T_j^{ES}-T_i^{EF} \tag{6-5}$$

(4) 计算工作最迟开始时间和工作最迟完成时间

工作的最迟完成时间应从网络图的终点节点开始，逆着箭线方向依次逐项计算。终点节点所代表的工作 $n$ 的最迟完成时间 $T_n^{LF}$ ，应按网络计划的计划工期 $T_p$ 或计算工期 $T_c$ 确定，即：

$$T_{\mathrm{n}}^{LF}=T_p \text{或} T_n^{LF}=T_c \tag{6-6}$$

工作的最迟完成时间等于该工作的紧后工作的最迟开始时间的最小值，即：

$$T_i^{LF}=\min\left\{T_j^{LS}\right\}=\min\left\{T_j^{LF}-D_j\right\} \tag{6-7}$$

式中：$T_j^{LS}$ ——工作 $i$ 的紧后工作 $j$ 的最迟开始时间；$T_j^{LF}$ ——工作 $i$ 的紧后工作 $j$ 的最迟完成时间；$D_j$ ——工作 $i$ 的紧后工作 $j$ 的持续时间。

工作的最迟开始时间等于该工作的最迟完成时间减去工作持续时间，即：

$$T_i^{LS}=T_i^{LF}-D_i \tag{6-8}$$

(5) 计算工作的总时差

工作总时差应从网络图的终点节点开始，逆着箭线方向依次逐项计算。终点节点所代表的工作 $n$ 的总时差 $F_n^{T}$ 为零，即：

$$F_n^{T}=0 \tag{6-9}$$

其他工作的总时差，等于该工作与其紧后工作之间的时间间隔加该紧后工作的总时差所得之和的最小值，即：

$$F_i^{\mathrm{T}} = \min\left\{T_{i,j}^{\mathrm{LA}} + F_j^{\mathrm{T}}\right\} \tag{6-10}$$

式中，$F_j^{\mathrm{T}}$ ——工作 $i$ 的紧后工作 $j$ 的总时差。

当已知各项工作的最迟完成时间或最迟开始时间时，工作的总时差也可按下式计算：

$$F_i^{\mathrm{T}} = T_i^{\mathrm{LS}} - T_i^{\mathrm{FS}} = T_i^{\mathrm{LF}} - T_i^{\mathrm{FF}} \tag{6-11}$$

(6) 计算工作的自由时差

工作的自由时差等于该工作与其紧后工作之间的时间间隔的最小值或等于其紧后工作最早开始时间的最小值减去本工作的最早完成时间，即：

$$F_i^{\mathrm{F}} = \min\left\{T_j^{\mathrm{FS}} - T_i^{\mathrm{FF}}\right\} = \min\left\{T_j^{\mathrm{FS}} - T_i^{\mathrm{FS}} - D_i\right\} \tag{6-12}$$

# 第七章　水库管理与调度

## 第一节　水库大坝管理与维修养护

### 一、管理任务

水库工程承担着防洪减灾、水资源供给、涵养水源、水生态改善等重要任务，按照现行水利工程管理的相关规定，水库日常管理常规性工作及重点专项工作主要包括调度运用、工程检查、设备评级、安全监测、养护维修、白蚁及其他动物危害防治、安全生产、制度建设、档案资料、水政管理等。管理单位推进精细化管理，首先需要明确、细化工作目标任务。工作任务制定的细致程度与执行效果有着密切的联系，要将单项工作或任务按合理的逻辑结构分解为若干个组成部分，每个部分又可分解成若干个更小的部分，直到不能再分或不必要再分为止。管理单位要制订分解年度工作计划，明确各阶段重点工作任务，对相对固定的工作任务按年、月、周、日等时间段进行细分，形成工作任务清单，明确工作项目、时间节点、主要内容、责任对象，内容应具体详细。

要根据管理职责和工作任务，合理设置管理机构和岗位，并按标准配置人员。一般设管理岗、专业技术岗、工勤技能岗，其中管理岗包括所长、副所长、管理员等，专业技术岗包括高级工程师、工程师、助理工程师，工勤技能岗包括闸门运行高级技师、闸门运行技师、闸门运行高级工、闸门运行中级工、闸门运行初级工，人员配备应满足管理需要。要将每项工作都落实到岗位、落实到人员，做到事事有人管、人人有事做、责任可追溯。同时，要求每一位责任人都要到位、尽职。工作要日清日结、跟踪检查，发现问题偏差应及时纠正、及时处理，以确保各项工作任务按计划落实到位。

#### （一）调度运用任务

水库的调度运用任务清单主要包括防洪调度、兴利调度、报汛及洪水预报、控制运用等。

1. 防洪调度

防洪调度任务，主要包括编制防洪调度运用计划并报批、执行指令、洪水调度考评、年度防洪调度总结等。

2. 兴利调度

兴利调度任务主要包括编制兴利调度运用计划并报批、计划调整、执行指令、年度兴利调度总结等。

3. 报汛及洪水预报

报汛及洪水预报任务主要包括水文测报、洪水预报等。

4. 控制运用

管理单位接到上级主管部门的调度指令后，结合上下游水位等情况，确定启闭方案，做好设备设施的检查及开闸预警等准备工作，按照闸门操作规程进行启闭，结束后，进行核查、反馈、记录等。控制运用任务可分为调度管理、运行操作和运行值班。

① 调度管理包括指令接收、确定方案、指令执行、指令回复等。

② 运行操作包括运行准备、启闭操作等。

③ 运行值班管理主要包括人员配备与管理、巡查检查、交接班等。

### (二) 工程检查任务

水库工程检查分为日常检查、定期检查和特别检查。

1. 日常检查

① 日常检查包括大坝巡查和经常检查。

② 大坝巡查应按设定的巡查路线进行，主要包括大坝坝顶和迎背水坡、涵洞进出口和启闭设施、溢洪道进出口和启闭设施、大坝管理和保护范围等重点部位。

③ 经常检查水工建筑物、安全监测设施、边坡库岸以及闸门、启闭机等金属结构及其配套的电气设备、供电线路、泄洪河道、水库管理范围、大坝管理与保护范围、蚁害防治等。

2. 定期检查

① 定期检查分为汛前检查、汛后检查等。

② 汛前检查是一项度汛准备的综合性工作，着重检查大坝及枢纽建筑物、设备和设施的最新状况，安全度汛存在的问题及措施。工作任务主要包括成立组织机构、制订工作计划、开展工程检查监测与设备评级、设备养护维修、电气试验、水下检查、涵洞进洞检查，以及落实应急措施、收集整理资料、编制检查报告、开展专项考核和问题整改提高等。

③ 汛后检查着重检查建筑物、设备设施度汛后的变化和损坏情况。

3. 特别检查

当水库遇到大洪水、大暴雨、有感地震、库水位骤变、高水位运行以及其他有可能影响大坝安全运用的特殊情况，管理单位应及时进行特别检查，必要时应组织专人对可能出现险情的部位进行连续监视。

### （三）设备评级任务

结合工程检查，管理单位应定期对闸门、启闭机、电气设备等进行设备评级，填写评级表，并报上级主管部门审批。

### （四）安全监测任务

① 管理单位应按照国家标准、水利部行业标准和本工程设计监测要求，结合工程运用发现的主要问题，开展安全监测工作，保持监测工作的系统性和连续性。

② 安全监测任务主要包括观测任务书编报、仪器校验、土石坝变形监测、渗流监测、水文、气象监测和监测资料整编等。

③ 变形监测主要包括表面变形（水平位移、垂直位移）、界面及接（裂）缝变形监测等。

④ 渗流监测主要包括坝体渗流压力、坝基渗流压力、绕坝渗流和渗流量监测等。

⑤ 水文、气象监测主要包括水位、降水量、气温、库水温监测等。

### （五）养护维修任务

水库工程的养护维修内容主要包括土石坝坝顶、坝坡、坝区、混凝土及砌石工程监测设施、闸门及启闭设备、电气设备、通信及监控设施、管理设施等。管理单位应根据工程存在的问题，编制养护维修计划，并按照项目管理要求和检修技术标准组织实施。养护维修任务分为项目管理、养护维修。

### （六）白蚁及其他动物危害防治任务

白蚁及其他动物危害防治内容，主要包括白蚁防治与检查、蚁害控制验收、其他动物危害防治等。

### （七）安全生产任务

安全生产任务分为安全管理、注册登记、安全鉴定、应急管理等。

1. 安全管理

安全管理内容参照安全生产标准化建设的相关要求，管理单位结合实际情况，明确每个项目的具体内容、实施的时间、实施的频次以及相关的工作要求和成果等。

2. 注册登记

① 应按照水利部《水库大坝注册登记办法》进行注册登记。

② 已注册登记的水库完成扩建、改建的，或经批准升降的，或水库隶属关系发生变化的，应在此后 3 个月内，向登记机构办理变更登记。

③ 水库大坝安全鉴定后，应在 3 个月内，将安全鉴定材料报原登记机构，安全类别发生变化的，应向原登记受理机构申请换证。

④ 经批准降等为塘坝或报废的水库，验收后应向注册登记机构申报注销。

3. 安全鉴定

① 安全鉴定范围主要包括大坝及其附属建筑物、闸门、启闭机、电气设备、自动化系统等。管理单位应做好安全鉴定的计划、组织、成果运用等工作。

② 首次安全鉴定应在竣工验收后 5 年内进行，坝高 15 米以下的小（Ⅱ）型水库可在新建、改（扩）建、除险加固工程完成并蓄水验收或投入使用起 10 年内进行。正常运行的水库，大中型水库每 6 年、小型水库每 8 年内应进行一次大坝安全鉴定。运行中水库遭遇特大洪水、强烈地震等破坏性自然灾害，或者发生重大工程事故以及其他危及大坝安全的事件后 3 个月内，经特别检查和专家论证后，如需进行安全鉴定，应进行专门的大坝安全鉴定。

4. 应急管理

① 应急管理是提高应对突发事件能力，降低水库风险的重要非工程措施。水库主管单位应在《水库防洪应急预案》的基础上，组织编制《水库大坝安全管理应急预案》，报县级人民政府批准后执行；设区市直管的水库，报设区市人民政府批准后执行，并适时进行修订。

②《水库防洪应急预案》的编制应符合《水库防洪应急预案编制导则》的要求，《水库大坝安全管理应急预案》的编制应符合《水库大坝安全管理应急预案编制导则》（SL/Z 720—2015）的要求。

③ 应急预案任务清单主要包括《水库大坝安全管理应急预案》《水库防洪应急预案》《事故应急处置预案》的编制、修订和报批、宣传与演练，以及突发事件的处理和预案评估等。

### （八）制度管理任务

管理单位应结合工程实际，编制并及时修订水库工程管理细则、调度规程、规章制度和操作规程等，主要包括岗位职责、教育培训、调度运用、工程检查、安全监测、养护维修、白蚁及其他动物危害防治、安全生产、防汛管理、水政管理、档案管理等。

### （九）教育培训任务

管理单位应制订年度教育培训计划，开展在岗人员专业技术和业务技能的学习与培训，每年对教育培训效果进行评估和总结，建立教育培训台账。

### （十）档案管理任务

1. 技术档案管理

管理单位应建立技术档案管理制度，按照有关规定建立完整的技术档案，及时整理归档各类技术资料，档案设施齐全、清洁、完好，积极开展星级档案管理测评工作。技术档案管理任务分为档案收集整理，档案归档，档案保管、借阅、销毁，档案室设施管理等。

2. 标志标牌管理

标志标牌管理包括技术图表、设备管理、安全警示、管理范围、大坝安全责任人、防汛责任人公示、宣传公告等。管理单位应建立标志标牌管理体系，参照《水闸泵站标志标牌规范》进行设计、制作、设置。标志标牌管理任务主要包括编制设置方案、制作安装、定期检查维护等。

## 二、水库工程维修养护

### （一）工程维护、改扩建及除险加固过程

工程维护包括日常维护、岁修、大修或抢修，均以恢复局部、改善原有结构、保持设计功能、确保工程安全为原则，如需扩建、改建或除险加固时，应列入基本建设计划，按规定的基建程序报批后进行。水库的工程维护、改扩建及除险加固工程必须明确项目负责人，并建立质量安全保证体系，严格执行质量标准和工艺流程，确保工程质量。

### （二）大坝维修养护

1. 土石坝维修养护

土石坝养护主要包括：坝顶（道路、防浪墙、照明设施）、坝体（包括裂缝、滑坡、沉陷、渗漏等）、坝端、坝坡的养护，排水设施的养护，观测设施的养护，坝基和坝区的养护处理等。具体应做好坝顶道路养护及坝肩局部破损整修、坝顶防浪墙修补、坝顶照明设施修缮、上下游坝坡杂草杂物及动物洞穴清除、坝体细小缺陷（包括局部不严重的裂缝、滑塌、沉陷、渗漏等）修补、排水沟清理、排水棱体表面堵塞

物清理等日常维护工作。养护效果评价可结合水库现场检查进行，主要内容如下。

① 坝面上是否种植树木、农作物，坝坡是否平整，无雨淋沟、无荆棘杂草丛生；护坡块砌是否完好，要求砌缝紧密，填料密实，且无松动、塌陷、脱落架空等现象；排水系统是否无淤堵。

② 在大坝管理和保护范围内，是否有爆破、打井、采石、采矿、挖沙、取土、修坟等危害大坝安全的活动迹象。

③ 坝体上是否修建了码头、渠道，如确实需要在大坝管理和保护范围内修建码头、鱼塘的，必须经大坝主管部门批准，并与坝脚和泄水、输水建筑物保持一定距离，不得影响大坝安全、工程管理和抢险工作等。

土石坝修理项目主要包括：护坡的修理，坝体裂缝的修理，坝体渗漏的修理（包括坝体和贴坡式砂石反滤层的修理），坝基渗漏和绕坝渗漏的修理，坝体滑坡的修理，排水设施的修理，混凝土面板、坝面板的修理，等等。

土石坝的修理一般分为岁修、大修和抢修。岁修是指根据大坝运行中所发生的和巡视检查所发现的工程损坏等问题，及时进行必要的修理和局部改善。岁修工程项目应由水库管理单位根据水库大坝运行情况，提出岁修计划，报水利行政主管部门审批后实施。大修是针对水库枢纽工程发生较大损坏、修复工作量大、技术性较复杂甚至危及大坝安全的工程问题，如坝体裂缝、滑坡、沉陷、渗漏及绕坝渗漏，或经临时抢修未作永久性处理的工程险情等工程量大的整修工程。大修工程项目应在分析研究其原因的基础上，由管理单位及时委托具有资质的咨询单位，提出大修工程的可行性研究报告或专题报告，并向上级水利行政主管部门申报立项，经上级水利行政主管部门审批后，水库管理单位根据批准的工程项目，组织设计和施工，制订详细的修理施工计划。大修工程项目的设计和施工应由具有相应等级资格的设计和施工单位来承担。当突然发生危及大坝与其附属建筑物工程安全的各种险情时，必须立即进行抢修。

2. 混凝土坝维修养护

混凝土坝养护一般包括建筑物的日常保养和防护，混凝土坝修理包括混凝土裂缝修补、渗漏处理、剥蚀修补及处理和水下修补等。

混凝土坝的养护修理应做好工程的养护工作，防止损坏缺陷的发生和发展。养护时发现工程损坏后，必须及时修理，防止扩大。混凝土坝修理包括工程损坏的调查、修理方案设计、施工及其质量控制、验收4个工作程序。修理工程的报批：较大修理项目由水库管理单位提出修理设计方案，并经上级水利行政主管部门审批后实施。对影响结构安全的重大修理项目，应由原设计单位或由具有相应资格的设计单位设计，并报上级水利行政主管部门批准实施。

### （三）输泄水建筑物及金属结构、电器设备维修养护

输泄水建筑物及金属结构、电器设备维修养护，包括混凝土建筑物、闸门、启闭设施、电气设备、备用电源等的维修养护。

混凝土建筑物维修养护具体应做好混凝土建筑物（如闸墩、底板、侧墙、洞身及启闭房等）的缺损修补、渗漏处理和水下修补等。

金属结构及电器设备维修养护包括闸门定期清洗、修补与油漆、滚轮检修与加油、止水开关箱、仪表、动力线路、照明等电气设备的清洁、测试、定期校验、调整、局部修补及易耗品的更换；电源及备用电源的发电机组清洗保养和试机、易损件更换；检查电力线路是否正常、定期测量导线绝缘电阻值，以及做好指示仪表、接地系统及避雷器定期检验等各项工作，以确保金属结构及电器设备安全和可靠运行。

### （四）监测设施维修养护

监测设施维护包括水雨情观测设施和大坝安全监测设施的维护。水雨情观测设施维护应做到雨量计、库水位计、数据传输通信设施、监控计算机等保持完好，数据传统通信信号保持畅通，自动测报系统软件保持运行正常。水管式沉降仪、钢丝位移计等安全监测系统应经常维护。水管式沉降仪观测玻璃管及储水桶内的杂质应及时清理，并定期更换系统内的液体；钢丝位移计系统应保持工作台清洁，观测标尺应经常擦拭养护，并做好观测台的防腐防锈工作。监测设施如有损坏应及时修复，必要时应请求具有修复资质的单位和技术人员进行修复。

### （五）管理设施维护

管理设施维护应做到管理用房整洁、卫生、美观，保持办公设施如办公桌椅、计算机、打印机等设施或设备正常运行、能够满足运行管理需求，确保交通道路畅通，通信设施运行正常。

### （六）其他设施维护

其他设施维护内容包括上坝及防汛交通道路、防汛快艇、交通车辆、消防设施、抢险物资与工具等，应确保这些设施能够正常运行，满足水库工程运行管理需要。

### （七）对大坝维修、改扩建及加固工程的记载与评价

对大坝以往开展的修理、改扩建和加固改造工程，应作详细记载，并对竣工验

收资料进行整编存档。在安全评价时，水库管理单位应向安全评价单位提供相应的验收资料，具体如下。

① 管理单位应提交工程竣工报告、批准文件、全部设计文件和图纸。

② 施工单位应提交加固或大修施工报告、竣工图纸和竣工决算、施工原始记录及质量检测记录等。

③ 监理单位应提交工程监理报告、工程监理原始记录及工程阶段验收鉴定书等资料。

④ 各有关单位应详细提供隐蔽工程部分的阶段验收（或检查）鉴定资料和竣工验收鉴定书。

安全评价单位在充分掌握并分析验收资料的基础上，应结合现场安全检查、运行性状表现及观测资料整编分析，对修理、改扩建和加固改造工程效果作出评价。此外，应特别注意安全监测仪器记载的定期检测维修情况。

## 第二节 水库调度

### 一、径流调节计算

#### （一）径流调节的分类

水库建设的目的是防洪和兴利，解决来水和需水之间的矛盾。根据不同的自然条件和要求，水库可按径流调节周期、功能目标和调节模式进行分类。

1. 按调节周期分类

调节周期是指水库一次蓄泄循环经历的时间，即水库从库空到库满再到库空所经历的时间。根据调节周期，水库可分为日调节和周调节、年调节、多年调节等。

（1）日调节和周调节

日调节和周调节是短期调节，多数用于发电、供水水库。一般来说，枯水期河川径流在一天或一周内的变化是不大的，但生产生活用水和用电在白天与夜晚，或工作日与休息日之间，相差是很大的。利用水库的调节能力，可把夜间或休息日多余的水量蓄存起来，用于增加白天或工作日的正常供水。这种调节称“日调节”和“周调节”。

（2）年调节

河川径流一般在年内变化很大，洪水期和枯水期的流域来水量相差悬殊，而各用水部门的用水量与上游来水量的变化不同步。发电、航运和供水年内变化不大，但农业灌溉用水一般是在枯水期。因此，往往在洪水期水量过剩，而枯水期水量不足。这就要求在一年内对天然径流进行重新分配，将洪水期的多余水量调剂到枯水期使用，称为“年调节”，其调节周期为一年。

(3) 多年调节

对于库容很大的水库，其防洪和兴利调节能力较大，可将丰水年的多余水量蓄在水库内，以补充枯水年水量的不足，这就是多年调节。多年调节水库的有效库容一般并非每年都蓄满或放空，其调节周期要经过很多年。

2. 按功能目标分类

按水库规划设计的功能目标，径流调节可分为防洪、灌溉、发电、供水、航运及生态等。目前，单一功能目标的水库较少，一般都是两个或两个以上目标的综合利用水库。

3. 按调节模式分类

按径流调节模式可分为补偿调节、反调节和应急调节等。

补偿调节：水库与下游区间来水的相互补偿，以满足各部门用水需求。

反调节：下游水库为适应各部门用水的需求过程，对上游水库的出流进行再调节。

应急调节：为应对突发事件所进行的临时性径流调节。

### (二) 径流调节计算基本原理

水库蓄水量的变化过程计算称为“径流调节计算”，是把整个调节周期划分为若干个计算时段，按时段进行水量平衡计算，其目的是确定水库的兴利库容和正常蓄水位。

河川的天然径流在一年内变化很大，一般分为洪水期（汛期）和枯水期，洪水期和枯水期的来水量相差悬殊，而对于用水部门，越是枯水期，其对水库水的需求量越大。水库年调节的任务是将一年内洪水期多余的水量储存在水库中，待枯水期使用，年调节水库的调节周期为一年。

径流调节计算的原理是任一计算时段内进出水库的水量差，等于这一时段内水库蓄水量的变化。其水量平衡方程式为：

$$\Delta V=(Q-q)\Delta t \tag{7-1}$$

式中：$\Delta V$ 为计算时段内水库蓄水量的变化；$Q$ 为计算时段内水库的来水量；$q$ 为计算时段内水库的出水量，包括用水量和水量损失；$\Delta t$ 为计算时段。

计算时段 $\Delta t$ 可根据水库调节周期的长短、径流和用水的变化程度而定。对于日调节水库，$\Delta t$ 可取小时为单位；年调节水库 $\Delta t$ 一般取为一个月，在来水和用水量变化较大时，可取半个月或一旬为一个计算时段。水利上一般选用水利年度来进行年调节水库的径流计算，以水库的一个蓄泄循环为一年的计算起讫点，即蓄水期初的水位开始，经蓄水期、供水期的水位变化，水库水位再回到蓄水期初的水位为一个调节年。根据水库运用目的不同，不同水库的年调节计算起讫点是不同的。

按水库来水和用水的配合情况，年调节水库可分为一次运用、两次运用及多次运用。

水库径流调节的任务有以下两项。

①在已知天然来水过程和用水部门需水过程的情况下，计算水库所需的兴利库容。

②在已知天然来水过程和兴利库容的情况下，计算水库可提供的调节流量。

水库年径流调节计算一般采用列表法、简化水量平衡公式法和时历图解法。

1. 历时列表法

列表法径流调节计算比较严谨、细致，是最通用的方法。

水库的蓄水过程与水库运行方式密切相关，两种极端运行方式是早蓄方案和晚蓄方案。早蓄方案是水库在最初的余水期就开始蓄水，兴利库容蓄满后还有多余水量再弃水；晚蓄方案是在保证蓄水期末水库蓄满的前提下，有多余的水先弃后蓄。早蓄方案一般采用顺时序计算，而晚蓄方案则采用逆时序计算。需要说明的是，早蓄方案和晚蓄方案都是理论上的操作方式，在水库实际运行时，一般不会按这两种方式操作。

2. 简化水量平衡公式法

在水库规划设计阶段，一般无需对每年列表进行逐月径流计算，各月需水量可简化为一个常数，将每年划分成两个计算时段——蓄水期和供水期，然后进行水量平衡计算，即可得出所需结果。

水库兴利库容取决于供水期最大累积缺水量，即：

$$V_{兴}=Q_{调}T_{供}-W_{供} \tag{7-2}$$

式中，$V_{兴}$为水库兴利库容，$m^3$；$Q_{调}$为水库用水调节流量，$m^3/s$; $W_{供}$为供水期水库天然来水量，$m^3$；$T_{供}$为供水期历时，s。

3. 时历图解法

采用时历图解法进行径流调节计算时，用累积水量变化曲线 $W(t)$ 来表示天然径流和需水的历时变化过程 $Q(t)$，$W(t)$ 是 $Q(t)$ 的积分，其离散过程如下式。

$$W(t)=\sum_{i=0}^{1}Q(t)\Delta t \tag{7-3}$$

式（7-3）称为“常累积曲线”，相当于水库只有入流，没有出流的蓄水过程。由于常累积曲线随时间增长不断上升，在绘制较长期的多年径流累积曲线图时，图幅会很大，要使图幅缩小就得缩小比例尺，但这样做会降低计算精度。为了避免这个不足，可采用差积曲线进行计算。

绘制差积曲线时，先将每个时段径流量都减去常数流量值$Q_0$，然后计算各时段流量差值$Q(t)-Q_0$的累积值，即：

$$W(t)=\sum_{i=0}^{t}\left[Q(t)-Q_0\right]\Delta t \tag{7-4}$$

原则上$Q_0$的选择是任意的，但为了计算方便，一般选择接近于平均径流量的整数值。

### （三）设计保证率下的年调节水库兴利调节计算

天然来水的多少具有不确定性，即使每年的需水量是固定不变的，所计算出的兴利库容也是不一样的。为了充分满足用水部门的需要，当然是兴利库容越大越好。但这样一来，水库就要建得很大，投资也大。那么，一座水库到底需要多大的兴利库容才合适呢？这里给出一个设计保证率的概念。所谓设计保证率，就是水利工程设施在若干年内满足兴利（灌溉、发电、航运、供水等）部门对水量（或水位）要求的平均保证程度，以百分数计。根据不同的兴利要求，有灌溉保证率、发电保证率、通航保证率和供水保证率等。由于此值是在设计水库时研究决定的，故称为“设计保证率”。设计保证率是水利规划的标准，也是决定工程规模的依据。设计水库时，合理选择设计保证率十分重要。从理论上说，可以通过经济计算的途径来选定。但在实际设计保证率时，由于水库设计保证率涉及许多方面，初步设计时很难掌握足够的符合实际的用户经济特性及其他资料进行技术经济论证，因此一般是参照有关设计规程规范的规定，经过分析后选定。下面介绍在给定设计保证率下确定水库兴利库容的方法。

1. 年径流调节计算的长系列法

年调节水库兴利调节计算的长系列法是将水库坝址断面河流多年来水过程系列，以及供水过程系列逐年按时历列表法进行逐时段（月或旬）的水量平衡计算，其具体计算方法有不计损失和计入损失两种。前者一般用于规划方案的比较阶段，但水库兴利库容的最终确定必须计入水库的水量损失。

（1）不计损失的年调节计算

首先，按上文的计算方法，列出某水库坝址断面$n$年各月来水量及用水量的差值，计算出年调节水库每年所需的兴利库容，并由小到大排列，用经验公式（7-5）

计算每一库容的经验频率 $P$。

$$p=[m/(n+1)]\times 100\% \tag{7-5}$$

式中，$m$ 为每年所需兴利库容的排序。

采用长系列法计算出的年调节水库兴利库容，其设计保证率的概念比较明确，成果精度较高。但该方法要求有较长的水文资料系列，计算工作量也大。

(2) 计入损失的年调节计算

水库建成后，会产生诸如蒸发、渗漏、弃水等损失，所以，水库水量的平衡方程为

$$\Delta V=\left(Q-q-q_{损}-q_{弃}\right)\Delta t \tag{7-6}$$

由于水库的水量损失是在蓄水和用水过程中产生的，其与水库当时的库容和水面面积密切相关，只有知道了某时段初、末的水库库容，才能确定该时段的水库损失量。在实际应用中，时段末的水库库容是未知的，所以要采用试算法求出水库损失量。先假设某时段末的水库库容，由此计算出水库损失量，再进行水量平衡计算，求出时段末的水库库容。如此值与假设不符，则重新假设，重新计算，直到二者一致为止。这种计算方法工作量很大，所以通常采用更为方便的方法，即在先不考虑水库水量损失情况下进行水库调节计算，以求得各时段近似的蓄水情况，然后用各时段的水库平均库容算出各时段的损失量，再应用式 (7-6) 进行调节计算。

同样，在已知多年来水过程和兴利库容的情况下，可按上文的计算方法，计算出每年的调节流量，然后绘制调节流量—频率曲线，以确定在设计保证率下的调节流量。但应注意的是，绘制调节流量频率曲线时，调节流量是由大到小排序的，表示在兴利库容确定的情况下，保证率越高，所能提供的调节流量越小。

2. 年径流调节计算的典型年法

从上面的介绍可知，年径流调节计算的长系列法需要较长的水文资料系列，对于无资料或资料不足的地区，就无法采用此方法。这种情况就可采用典型年法进行年径流调节计算。

典型年法是按设计保证率选择某一年的来水过程，通过对这一年的调节计算，以确定符合设计保证率的年调节兴利库容或调节流量。典型年法的关键是选择合适的设计典型年。但该方法一般是在中小型水库规划设计中采用，对于已建水库的调度计算不大适用，这里不再赘述。

### (四) 多年调节水库兴利调节计算

由水量平衡可知，如果年用水量增大，或设计用水保证率提高，就会导致在设

计保证率下的年来水量小于用水量。此时，由一年的来水进行调节，就无法满足正常供水，必须跨年度调节，把丰水年多余的水量存储起来，以补充枯水年不足的水量。这种将丰、枯水年份的年径流量跨年进行分配的调节称为“多年调节”。

多年调节计算长系列法的基本原理和步骤与年调节计算相似，即先通过逐年调节计算，求得每年所需的库容，再进行频率计算，以求得满足设计保证率下的兴利库容。因多年调节水库要经过若干连续丰水年才能蓄满，经过若干连续枯水年才能放空，完成一次蓄泄循环需要经过很多年。在这种情况下，确定某年份的兴利库容时，不能只以本年缺水期的不足水量确定兴利库容，还应联系前几年和后几年的不足水量情况进行分析计算。多年调节水库的调节库容或保证供水量取决于连续枯水年组的总缺水量，用时历法进行多年调节计算时，所需要的水文资料系列比年调节时需要的资料系列要长得多，一般应具有30年以上，且是能较好地代表多年变化情况的水文资料。

## 二、洪水调节计算

水库防洪调度是确保水库安全，实现水库防洪任务的控制运用方式。水库防洪调度的主要任务是确保工程安全，有效利用防洪库容拦蓄洪水、削减洪峰、减免洪水灾害，处理好防洪与兴利之间的矛盾，充分发挥水库的综合效益。

### （一）调洪计算的基本原理

水库调洪是在水量平衡和动力平衡的基础上进行的。由水力学可知，洪水在水库中行进时的流态是明渠非恒定流，其基本方程式是圣维南方程组。

连续方程：

$$\frac{\partial v}{\partial t}+\frac{\partial Q}{\partial S}=0 \tag{7-7}$$

运动方程：

$$-\frac{\partial Z}{\partial S}=\frac{1}{g}\frac{\partial v}{\partial t}+\frac{v}{g}\frac{\partial v}{\partial S}+\frac{Q^2}{K^2} \tag{7-8}$$

式中，$\partial$ 为过水断面面积；$t$ 为时间；$S$ 为沿水流方向的距离；$Q$ 为流量；$v$ 为断面平均流速；$Z$ 为水位；$K$ 为流量模数；$g$ 为重力加速度。

通常这个方程很难有精确的解，一般采用简化方法进行计算。水量平衡可表示为水库水量平衡方程，动力平衡可由水库蓄泄方程来反映。

1. 水库水量平衡方程

在某一时段 $\Delta t$ 内，入库水量减去出库水量，应等于该时段内水库增加或减少的蓄水量，可用水量平衡方程。

$$\frac{Q_1+Q_2}{2}\Delta t-\frac{q_1+q_2}{2}\Delta t=V_2-V_1 \tag{7-9}$$

式中：$Q_1$、$Q_2$ 为时段 $\Delta t$ 始、末的入库流量；$q_1$、$q_2$ 为时段 $\Delta t$ 始、末的出库流量；$V_1$、$V_2$ 为时段 $\Delta t$ 始、末的水库蓄水量；$\Delta t$ 为计算时段。其长短应以能较准确地反映洪水过程线的形状为原则，陡涨陡落的，$\Delta t$ 取短些，反之，则取长些。

2. 水库蓄泄方程

式（7-9）中，$Q_1$、$Q_2$ 可由入库洪水流量过程线中得到，对于任何一个时段来说，时段初的库水位和相应的蓄水量 $V_1$，以及出库流量 $q_1$ 都是已知的，而 $V_2$ 和出库流量 $q_2$ 是未知的，不能求解，需借助水库下泄流量 $q$ 与蓄水量 $V$ 之间的关系，建立另一个方程式（7-10），然后联立求解，可求出水库下泄流量过程线、最大下泄流量 $q_m$、调洪库容 $V_洪$和水库最高洪水位 $Z_洪$。

$$q=f(V) \tag{7-10}$$

（二）调洪计算的方法

调洪计算是采用式（7-9）和式（7-10）进行联立求解，常用的方法有试算法、半图解法和简化三角形法等。

1. 试算法

试算法是一种最基本的、用途较广的水库调洪计算方法，就是将式（7-11）中的各项，逐时段进行下泄流量的试算。

2. 半图解法

半图解法的基本原理，仍然是逐时段连续求解水库的水量平衡方程和蓄泄方程。为了方便计算，将式（7-9）变换成如下形式：

$$\frac{V_2}{\Delta t}+\frac{q_2}{2}=\frac{Q_1+Q_2}{2}-q_1+\frac{V_1}{\Delta t}+\frac{q_1}{2} \tag{7-11}$$

式（7-10）变换成如下形式：

$$q=f\left(\frac{V}{\Delta t}+\frac{q}{2}\right) \tag{7-12}$$

调洪计算时，首先绘制出 $q-f\left(\frac{V}{\Delta t}+\frac{q}{2}\right)$ 曲线。将第一时段的 $Q_1$、$Q_2$、$V_1$ 和 $q_1$ 代入式（7-11），得出时段末的（$\frac{V_2}{\Delta t}+\frac{q_2}{2}$），由此在 $q-f\left(\frac{V}{\Delta t}+\frac{q}{2}\right)$ 曲线上查得相应的

$q_2$。本时段的 $q_2$ 和（$\frac{V_2}{\Delta t}+\frac{q_2}{2}$）即为下一时段的 $q_1$ 和（$\frac{V_1}{\Delta t}+\frac{q_1}{2}$），重复此过程，便可得到下泄流量过程线 $q-t$。

3. 简化三角形法

对于小型水库，或做多方案比选时，可采用简化三角形法。简化三角形法的基本假定是：入库洪水过程线 $Q-t$ 和泄流过程线 $q-t$ 的上涨段可近似地简化为直线。

若三角形入流过程的洪峰流量为 $Q_m$，底宽为过程线的历时 $T$，三角形下泄流量过程的最大流量为 $q_m$，则几何关系如下式。

$$W=\frac{1}{2}Q_mT \tag{7-13}$$

$$V_{洪}=\frac{1}{2}Q_mT-\frac{1}{2}q_mT=\frac{Q_mT}{2}\left(1-\frac{q_m}{Q_m}\right) \tag{7-14}$$

将式（7-13）代入式（7-14）整理后，得：

$$V_{洪}=W\left(1-\frac{q_m}{Q_m}\right) \tag{7-15}$$

$$q_m=Q_m\left(1-\frac{V_{洪}}{W}\right) \tag{7-16}$$

将水库蓄泄曲线与式（7-15）、式（7-16）联合求解，可求出下泄流量过程线 $q-t$。

（三）考虑动库容的调洪计算

对于水库水面面积较大的湖泊式水库而言，前述方法是满足计算精度要求的，但对峡谷型水库，动库容数值占调洪库容比重较大时，若仍采用前面介绍的方法，则计算结果会产生较大的误差。此时，应采用动库容进行调洪计算。

考虑动库容影响的水库调洪计算，在原理上与静库容调洪计算基本相似。所不同的是采用动库容曲线时，将调洪计算中的 $q=f(V)$ 曲线换成 $q=f(V,Q)$ 曲线，即把用静库容曲线绘制的 $q-V$ 曲线或 $q-f\left(\frac{V}{\Delta t}+\frac{q}{2}\right)$ 曲线，改成用动库容曲线绘制的以 $Q$ 为参数的 $q-Q-V$ 曲线或 $q-Q-f\left(\frac{V}{\Delta t}+\frac{q}{2}\right)$ 曲线。

将式（7-9）写成：

$$\frac{2V_2}{\Delta t}+q_2=Q_1+Q_2-2q_1+\left(\frac{2V_1}{\Delta t}+q_1\right) \tag{7-17}$$

式 $q=f(V,Q)$ 曲线，其表示为：

$$q=f\left[\left(\text{—}+\text{—}\right)Q\right] \tag{7-18}$$

逐时段联立求解式 (7-17) 和式 (7-18)，即可求得各时段下泄流量过程线 $q-t$。

## 三、水库防洪调度

水库防洪调度是一种保障水库安全、实现水库防洪任务、使水库充分发挥综合效益而采取的控制运用方式。它涉及水库上下游的安全和综合效益的发挥，对国民经济产生很大影响。

水库防洪调度的主要任务是保障工程安全，有效地利用防洪库容拦蓄洪水、削减洪峰、减免洪水灾害，正确处理防洪与兴利的矛盾，充分发挥水库的综合效益。

### (一) 水库防洪限制水位的确定

江河洪水在一年中集中出现的时期称为“汛期”。我国各河流所处的地理位置、气候条件和降雨季节不同，汛期长短不一，有长有短，有早有晚。即使是同一条河流的汛期，各年情况也不尽相同，有早有迟，汛期来水量相差很大，变化过程也是千差万别。

为了水库的防洪安全，在整个汛期内，都要将水库水位控制在某一水位以下，只有当遭遇大洪水时，才会允许暂时超过这一水位，洪水过后，应立即回到这一水位，这个水位就被称为“防洪限制水位”，简称为“汛限水位”，它是汛期内水库允许的上限水位。水库可根据汛期各个时期洪水大小、特性的不同，分期拟定不同的防洪库容，制定不同的汛限水位，分期蓄水、分期进行防洪调度，充分利用防洪库容，用于兴利。

1. 分期洪水的推求

将整个汛期进行时段划分，首先要对流域的暴雨成因或洪水特性进行分析研究，找出暴雨洪水的变化规律，将汛期按不同类型的洪水进行划分，然后根据防洪标准，分别进行洪水统计，求出不同时期的库容洪水。

(1) 洪水分期的划分方法

汛期分期划分主要依据水库所在流域的气候、降水规律和江河涨水等具体条件。分期洪水的确定，可根据气象上明显不同的界限进行分析，如江浙沿海一带就有梅汛期和台汛期之分，也可通过统计暴雨洪水的规律来分析。

① 根据天气系统的变化规律进行划分。我国北方水库的汛期一般为6—9月，

从气象上看可划分为两个明显的时期，即前汛期和后汛期。前汛期一般为6—7月，这一时期主要受极峰北进的影响，太平洋副热带高压逐步增强，十分活跃，逐步北移及西伸。而此时北方冷空气仍有南下，西南季风往往又送来充沛的水汽，如遇高压阻塞，加上地形影响就可能造成特大暴雨洪水，这种洪水涨势迅猛。后汛期一般为8—9月，这一时期主要受极峰南撤的影响，造成强度不是很大的降雨，但其范围广、历时长，也可能形成特大洪水，其量虽然很大，但涨势较慢，洪峰流量相对不大。

长江中下游地区降水量一般年内变化较大，降水主要由锋面气旋、台风和热带风暴影响所致。春末夏初（4月16日—7月15日），副热带高压与北方冷空气在长江中下游交会，形成静止锋徘徊，降水量大，历时长，常常由此形成大洪水，俗称“梅汛期”。夏秋季节（7月16日—10月15日）常受副热带高压控制，天气干旱少雨，有时有局部雷阵雨发生，此时也是台风和热带风暴活动频繁的季节，由其过境或外围活动影响产生的暴雨或大暴雨，虽然历时短但强度大，也会引发大洪水，称为“台汛期”。

② 根据暴雨洪水特性统计资料进行划分。通过统计年最大或大于某一标准的暴雨洪水在各月、旬出现的次数，或统计所占百分比，确定洪水分期的划分日期。比如，某水库坝址以上48年实测降水量资料统计，年最大取样的最大24 h暴雨48年系列中，有32次发生在6—8月，占66.7%，尤其集中在7月，共发生20次，占6—8月的62.5%；历年最大24 h暴雨量最大者发生在1994年7月11日，为222.8 mm；9月发生年最大24 h暴雨为5次，占1.2%；10月份至翌年5月，出现较大暴雨的机会极少，全系列中已出现过的最大值仅为年最大取样计算均值（约3年一遇）的78%～97%，其中尤以11月至翌年3月出现暴雨的概率最小。据上述统计，该水库的主汛期确定为6—8月，9月为后汛期，即将汛期6—9月划分为两个分期。

(2) 分期设计洪水的推求

分期洪水设计过程线的确定，通常根据分期洪水的时间界限，分别进行洪水统计。按设计的防洪标准，采用水文计算方法，分别对各分期洪水进行频率分析，求出各分期的设计洪峰流量和设计洪水总量，再选择典型洪水过程进行放大，得出不同设计标准的各分期设计洪水过程线。

2. 分期汛限水位的推求

分期设计洪水过程线确定后，按上一节介绍的洪水调节计算方法，根据水库的具体情况，进行调洪计算，即可求出所需的防洪库容、汛限水位等。

(1) 无闸门开敞式溢洪道水库防洪限制水位的要求

一般来说，对于开敞式溢洪道的水库，其溢洪道堰顶高程即为防洪限制水位，也是水库的正常蓄水位。但在实际操作中，很多水库在汛期都限制蓄水，其蓄水位在溢洪道堰顶高程以下，这个水位即为防洪限制水位，可通过调洪演算来确定。

由于防洪限制水位在溢洪道顶高程以下，洪水来临时，一部分洪水首先拦蓄在防洪限制水位至溢洪道顶之间的库容中，称为“蓄洪库容”（$V_1$）。这样，溢洪道顶以上的至允许最高洪水位（$Z_m$）之间的滞洪库容（$V_{滞}$），只需对剩余洪量（$V_m-V_1$）进行调节。由于防洪限制水位 $Z_{限}$未知，$V_1$ 也不能确定，故只能通过试算来确定 $Z_{限}$。具体做法如下。

首先假设一个防洪限制水位 $Z'_{限}$，从库容曲线上查得相应的 $V_1$，从入库洪水过程线 $Q-t$ 上扣除 $V_1$，并对其余部分进行调洪演算，得到一个相应的允许最高洪水位 $Z'_m$，若 $Z'_m = Z_m$，则假设的 $Z'_{限}$ 即为所求的防洪限制洪水位 $Z_{限}$；如 $Z'_m \neq Z_m$，则重新假设 $Z_{限}$，再进行调洪演算，直至两者相等。

(2) 有闸门控制水库防洪限制水位的要求

水库溢洪道有闸门控制时，防洪限制水位一般在溢洪道堰顶高程与允许最高洪水位之间。有闸门控制水库防洪限制水位的确定分为下游无防洪要求和有防洪任务两种情况。

① 下游无防洪要求时。因水库下游无防洪要求，水库的最大下泄流量可不受限制，防洪计算主要是为确保大坝安全。进入汛期后，水库一直控制在防洪限制水位，当洪水来临时，溢洪道闸门逐渐开启，控制下泄流量等于入库流量，直至入库流量等于闸门全部开启时的下泄流量。在此期间，库水位保持在 $Z_{限}$不变。入库流量增加，开始大于闸门全部开启的泄洪能力，溢洪道形成自由出流，下泄流量随库水位的升高而增大。库水位达到最高，下泄流量也达到最大，此时的入库流量等于下泄流量，即 $Q=q_m$。之后，随着入库流量的减小，库水位逐渐下降，下泄流量也逐渐减小。

为了避免试算，可从开始向下调洪计算，这种方法称为“调洪逆时序计算法”。该方法仍是依据调洪计算原理，所不同的是，将允许最高洪水位 $Z_m$ 作为起始条件，其相应的泄流量和蓄水量作为每一个时段末的值 $q_2$、$V_2$，逆时序调节计算求逐时段的 $q_1$、$V_1$，进而得出防洪限制水位。可用调洪计算的单辅助线法或试算法逆时序反推求得。其主要步骤如下。

A. 计算最大下泄流量 $q_m$

在溢洪道最大泄量时，泄洪水头最大，即其最大下泄流量为：

$$q_m = m_1 B H_m^{3/2} \tag{7-19}$$

式中：$m_1$ 为流量系数；$B$ 为溢洪道净宽，m；$H_m$ 为堰顶最大水头，m。

B. 绘制设计洪水过程线 $Q\text{–}t$，在入流过程线 $Q\text{–}t$ 退水段找出 $Q=Q_2$ 的时刻，由此刻起逆时序按 $\Delta t$ 划分时段，从图上读出各时段始、末的入流量 $Q_1$ 和 $Q_2$。

C. 由水量平衡方程和蓄泄方程可得出逆时序调节计算的公式：

$$\frac{V_1}{\Delta t}-\frac{q_1}{2}=\frac{V_2}{\Delta t}-\frac{q_2}{2}-\frac{Q_1+Q_2}{2}+q_2 \tag{7-20}$$

并绘制 $q-f\left(\dfrac{V}{\Delta t}-\dfrac{q}{2}\right)$ 曲线与之联合求解。由已知的最大泄量 $q_m$ 作为最后一个时段末的泄量 $q_2$，如若 $Q=Q_2$ 点在时段分界处，则由式（7-20）可计算 $\dfrac{V_1}{\Delta t}-\dfrac{q_1}{2}$，并由此值查辅助曲线 $q-f\left(\dfrac{V}{\Delta t}-\dfrac{q}{2}\right)$ 得出最后一个时段初的泄量 $q_1$。若 $Q=Q_2$ 点不在时段分界处，则应采用试算法，求时段初的 $q_1$、$V_1$。将 $q_1$ 作为前一时段末的 $q_2$，如此继续前推，用半图解法依次可求得逐时段初的泄量 $q_1$，直至某一时刻的泄流量 $q_0$ 等于涨水段的某一入流量 $Q$。但往往入流量 $Q$ 不在时段 $\Delta t$ 的分界点上，需用试算法或由 $Q\text{–}t$ 线和 $q\text{–}t$ 线（向前稍加延长）的交点得出该点流量。

D. 相应于泄量 $q_0$ 的水位，即为防洪限制水位 $Z_{限}$。由下式可求得：

$$H_{限}=\left[q_0/\left(m_1B\right)\right]^{2/3} \tag{7-21}$$

$$Z_{限}=堰顶高程+H_{限} \tag{7-22}$$

② 下游有防洪任务时。当水库承担有下游防洪任务时，防洪限制水位的确定应考虑既能保证水库工程安全，又能满足下游的防洪要求。下游有防洪任务时防洪限制水位分为固定泄流量和多级控制情况。

在固定泄流量情况下推求防洪限制水位时须采用试算法。首先，根据下游防洪的标准设计洪水过程线，假定一个防洪限制水位 $Z'_{限}$，下泄流量按下游安全泄量 $q_{安}$ 控制，进行调洪演算，求得相应于下游防洪标准的 $V_{防1}$。然后根据枢纽设计洪水过程线，仍用假定的防洪限制水位 $Z'_{限}$ 进行调洪演算，开始时仍按 $q_{安}$ 控制下泄，当 $V_{防1}$ 蓄满后，因来水仍大于下泄流量，库水位继续上升，下泄流量超过 $q_{安}$，并继续增大，至最大下泄流量 $q_m$，这时的调洪库容 $V_m=V_{防1}+V'_{防}$，相应的最高洪水位为 $Z'_m$。若 $Z'_m=Z_m$，则假设的 $Z'_{限}$ 即为所求的防洪限制洪水位 $Z_{限}$；如 $Z'_m\neq Z_m$，则重新假设 $Z'_{限}$，再进行调洪演算，直至两者相等。

若下游防洪控制断面过流量为分级控制，此时，先根据下游各防洪标准的洪水过程线，从假定的防洪限制洪水位 $Z'_m$ 开始进行调洪演算，计算出各相应的 $V_{防1}$，$V_{防2}$，…，$V_{防n}$。然后，根据枢纽设计洪水过程线进行调洪演算，求得最大下泄流量

$q_m$，这时的调洪库容 $V_m = V_{防n} + V'_{防}$，相应的最高洪水位为 $Z'_m$。若 $Z'_m = Z_m$，则假设的 $Z'_{限}$ 即为所求的防洪限制洪水位 $Z_{限}$；如 $Z'_m \neq Z_m$，则重新假设 $Z'_{限}$，再进行调洪演算，直至两者相等。

在水库实际运用中，为了便于操作，通常把库容转换成水位，以库水位作为判别条件，开展水库调度工作。

### (二) 水库防洪调度图

水库调度图是指导水库运行的控制曲线图。它以时间 (月、旬) 为横坐标，以水库水位或蓄水量为纵坐标，由一些控制水库蓄水量和供水量的指示线，划分出不同的供水区，是指导长期调节水库控制运用的主要工具。为了有效地利用防洪库容，合理解决水库安全与下游防洪安全、防洪安全与兴利蓄水之间的矛盾，一般水库都要绘制防洪调度图。

防洪调度图由水库在汛期各个时刻的蓄水指示线组成。这些指示线包括死水位、防洪限制水位、正常蓄水位、防洪高水位、设计洪水位、校核洪水位和防洪调度线。

防洪调度图中的死水位和正常蓄水位是通过兴利调节计算来确定的。设计洪水位、校核洪水位和防洪高水位是以防洪限制水位为起调水位，分别对水库设计洪水、校核洪水及相应于下游防洪标准的洪水进行调洪计算而确定。

水库防洪调度线是根据下游防洪标准的设计洪水过程线，是从防洪限制水位开始，进行调洪计算而得出的水库蓄水指示线。绘制防洪调度线的依据是各标准的设计洪水过程线和下游控制断面的安全泄量 $q_{安}$，起调水位是防洪限制水位，起调时刻为汛末。防洪调度线就是从汛末开始，经调洪演算计算的各时刻相应库水位的连线。

水库防洪调度区是指为水库防洪调度预留的水库蓄水区域，该区域的下边界是防洪限制水位，右边界是防洪调度线，上边界是对应各种标准设计洪水的防洪特征水位 (防洪高水位、设计洪水位、校核洪水位)。防洪限制水位、防洪调度线及防洪高水位之间的区域为正常防洪区，该区是为防范下游防洪设计标准洪水而预留的防洪库容，在此区域内水库最大下泄流量为 $q_{安}$；防洪高水位、防洪调度线及设计洪水位之间的区域为加大泄洪区，该区域是针对枢纽设计洪水而额外预留的调洪库容，在发生枢纽设计标准洪水时，为确保大坝安全，水库最大下泄流量将大于 $q_{安}$；设计洪水位、防洪调度线及校核洪水位之间的区域为非常泄洪区，该区域是针对枢纽校核洪水而额外预留的调洪库容，在发生枢纽校核标准洪水时，为确保大坝安全，水库最大下泄流量不仅大于 $q_{安}$，同时也大于设计洪水时的最大下泄流量。

### （三）防洪调度方式的拟定

水库的防洪调度不仅关系到水库和下游的安全，也直接关系到水库效益的发挥。水库防洪调度图只能对防洪调度作出概括性的指导，因水库承担的防洪任务，以及每次洪水特性的不同，还需要制定更为详细的水库防洪调度运行方式。水库的防洪调度方式，一般可按下游有防洪任务和无防洪任务两种方式制定。

1. 下游有防洪任务的水库调度方式

在我国，大多数水库都承担着下游的防洪任务，这样，水库不仅要保证其自身的防洪安全，而且还要保证水库下游的防洪安全。根据水库下游控制点的远近不同，可按考虑区间来水和不考虑区间来水两种方式制定防洪调度方式。

（1）不考虑区间来水的调度方式

在水库距离下游防洪控制点较近的情况下，区间来水较小，其来水量可忽略不计，这时，可采用固定下泄流量的调度方式。其固定的下泄流量大小，应视下游保护对象的重要性及抗洪能力而定。主要的原则应是在保障水库水工建筑物安全的情况下，尽量满足下游的防洪要求。如果下游防护对象的防洪能力不同，且灾后损失也不同，就应该采用分级控制下泄流量的调洪方式。

（2）考虑区间来水的调度方式

当水库距下游防洪控制点较远，区间集水面积较大时，就不可忽略区间的来水，要充分发挥防洪库容的作用，采用补偿调节或错峰调节的调度方式。

① 补偿调节。补偿调节就是水库的下泄流量加上区间来水，要小于（等于）下游防洪控制点允许的安全过流量 $q_{安}$，这就要求在区间洪水通过防洪控制点时减少水库的下泄流量。

② 错峰调节。当区间洪水汇流时间太短，水库无法根据区间洪水过程线逐时段放水时，为了使水库下泄流量与区间来水之和不大于下游防洪标准的安全泄量，只能根据区间洪水的出现时间和过程，使水库在一定时间内控制泄流，错开洪峰。

2. 下游无防洪任务的水库调度方式

下游不承担防洪任务的水库防洪调度主要是保证水库水工建筑物的安全，这种情况下，水库的下泄流量不受限制，可以按最大下泄能力进行泄流。

水库溢洪道不设闸门时，一般情况下，水库的正常蓄水位与溢洪道堰顶同高，水位超过堰顶，即可自由泄流，其下泄流量的大小取决于库水位的变化。

大多数水库为了更好地利用水资源，溢洪道上一般都设有闸门，主要是为了抬高兴利蓄水位和增加泄洪时的初始下泄流量。当洪水来临时，逐渐开启闸门，控制下泄流量与来水流量，使其相等，此时水库水位不变化。随着来水量的增加，闸门逐渐加大直至全部打开，形成自由泄流，库水位上升，泄流量增大。当入库流量洪峰到达时，库水位达到最高。此后，来水量逐渐减小，小于下泄流量，控制闸门逐渐关闭，使库水位仍保持在防洪限制水位。这种调度方式的优点是：在一次洪水调节过程中，水库的水位始终不低于防洪限制水位，水库也不会因后期的洪水较小而影响汛后的蓄水。但其缺点是闸门操作频繁。

3. 入库洪水的判别

拟定合理的防洪调度方式是实现水库对洪水进行合理调节，适时蓄泄，确保水库安全，提高水库综合效益的重要环节。而合理的防洪调度，取决于对入库洪水判别是否正确。目前，在根据气象水文信息尚不能作出准确及时的洪水预报的情况下，对入库洪水的判别只能借助于库水位、洪峰流量或两者相结合的方法。

(1) 以入库流量作为判别条件

用入库流量判别入库洪水的标准，是以各种频率的洪峰流量作为判别的依据。在实际应用中，常采用根据水库水位的涨率反推入库流量的方法。也可根据预报的洪峰流量来判别，但要求有较高的预报精度。这种方法一般适用于调洪库容相对较小，洪峰流量对库水位的变化起主要作用的水库。

(2) 以库水位作为判别条件

如果水库的防洪库容较大，下游防洪任务又较重，可采用库水位判别法，就是以某频率洪水的调洪最高水位作为判别洪水量级的标准。具体方法是：将各种防洪标准的设计洪水，按下游分级控制泄量的要求，由小洪水到大洪水，逐级逐次地推算出各种防洪标准洪水的最高库水位。当发生洪水时，运用推算出的成果，并根据水库的水位可判别该洪水的标准，从而按规定的允许泄流量泄洪。

(3) 以峰前量作为判别条件

以入库流量作为判别条件时，虽可提早判别洪水频率，但要求预报精度高，可靠性较差；以水位作为判别条件时，所需的防洪库容又较大。所以，提出了以峰前量作为判别条件的方法，主要是以主峰前段的洪量作为加大泄量的依据。当水库的泄量为 $q$ 时，所需的防洪库容为 $V=V_1+V_2$，其中 $V_1$ 为峰前量。当入库洪水出现洪峰 $Q_m$ 时，水库已蓄了 $V_1$，此后必然还会有退水部分的水量进入水库，并需水库继续蓄水 $V_2$。若选择的典型洪水有足够的可靠性，则在峰前部分已蓄水 $V_1$ 的情况下，就可以判别这次洪水总的蓄水量将达到 $V$。实际运用时，若某次洪水峰前蓄水量超过了 $V_1$，即可认为该场洪水已超过该标准，可改按下一级标准调度。

# 第八章　水库大坝加固与水库环境治理

## 第一节　大坝渗漏与加固

### 一、大坝渗漏原因分析

大坝在建设前期，除了要考虑地基强度、两岸山体的支撑能力和变形等问题外，还要考虑大坝的渗漏问题，这是大坝和其他建筑的不同之处。渗漏量太大，不仅会产生水资源流失的经济问题，也会因为渗漏的作用力对大坝的安全造成影响。一些事例表明，许多大坝的破坏往往不是大坝本身的质量和地基强度不够，而是一些地基土或防渗体系没有能够挡住水的作用力。

大坝的渗漏一般不外乎几种情况：一是大坝地基没有处理好，通过连通水库内外的岩体缝隙流出或者通过地基土的渗透；二是从大坝的两岸山体连接处或直接绕过大坝从两侧的岩体渗漏；三是大坝的防渗体系有薄弱环节，水体沿着连接缝等薄弱部位渗漏。

水的物理特性是流动性强、黏滞作用弱，并且不可压缩。这些特性使得水能够在很微小的裂缝中渗漏，在水体有一定压力的情况下，沿着裂隙渗出的水量也会有相应的变化。渗漏只需要两个条件：一是存在过水的通道；二是蓄水后水库内外存在着较大的压力差，也就是常说的水头。通道的大小和水头的高低与渗漏量的大小成同向增减关系。

沉积岩地层中，砂卵石和土砂颗粒之间通常存在着彼此连通的孔隙，沉积物的颗粒越大、级配越差、密实度越小，则透水性就越大。

#### (一) 软土地基

软土地基一般是指抗剪强度低、变形大且具有其他不良性质的地基，包括淤泥、淤泥质土及其他高压缩变形的土层构成的地基。江河的下游、低洼地区的平原水库，往往都建在软土地基上。这些软土地基上的水库，在建成后受到扰动或震动，会发生突然性的大面积沉陷或塌滑，这是由于在设计阶段对软土地基缺乏认识，设计施工考虑不周造成的。而有的工程在对软土地基的处理上又过分保守，一些平原地区不敢建设较高的坝，害怕承载力不够，因而建成的水库蓄水量小，水资源、土地资源没有得到充分的利用，这是对软土的特性缺乏理解而造成的建设盲目性。

1. 软土

对于软土，国内各行业的标准不一致。软土是指滨海、湖沼、谷地、河滩沉积的天然含水量高、孔隙比大、压缩性高、抗剪强度低的细粒土。它具有天然含水量高、天然孔隙比大、压缩性高、抗剪强度低、固结系数小、固结时间长、灵敏度高、扰动性大、透水性差、土层层状分布复杂、各层之间物理力学性质相差较大等特点。

相关规范规定软土的特征为：天然含水量 $\omega \geqslant 35\%$，或 $\omega \geqslant$液限；天然孔隙比 $e \geqslant 1.0$；十字板剪切强度 $S_u < 35$ kPa，相应的静力触探贯入阻力 $P_s$ 约为 750 kPa。

《水工建筑物抗震设计规范》(SL 203—1997）对软弱黏土层的评价标准为：液性指数 $I_L \geqslant 0.75$，无侧限抗压强度 $q_u \leqslant 50$ kPa，标准贯入击数 $N_{63.5} \leqslant$点，灵敏度 $S_t \geqslant 4$。

2. 淤泥、淤泥质土

淤泥、淤泥质土是软土的一种，淤泥是沉积时挟带有机物并有微生物作用且有结构性的黏性土。《工程地质手册》中解释淤泥和淤泥质土是指在静水或缓慢的流水环境中沉积，经生物化学作用形成的黏性土，天然的含水量大于液限。天然孔隙比大于或等于 1.5 的称为“淤泥”，大于等于 1 而小于 1.5 的称为“淤泥质土”。当然，在其他一些规范里还有很多其他的定义和解释，在这里不作进一步的讨论。

3. 灵敏性土

淤泥和淤泥质土有较多的极细颗粒——胶体颗粒，粒径不大于 0.001 mm，并且含水量高于液限，呈流塑状态，静置一段时间就成为凝胶体，具有一定的承载能力。如果受到搅动，就会液化流动，失去胶黏力，承载能力很低，甚至就像水一样毫无承载能力，这种现象叫作“触变”。在扰动消失后，经过一段时间的恢复，又逐渐凝成胶体，恢复了原来状态。这是因为胶体粒子扩散层中的阳离子及扩散层之间的阴离子和水分子一起有次序的排列，形成了有规则的构造，结合水在阴阳离子作用下，增强了这种构造的强度，具有一定的承载力。由于外力扰动的作用，破坏了这些原本岌岌可危的平衡，随之发生液化。外力作用消失后，又渐渐达到平衡，原来的结构恢复，强度恢复。这种触变是可逆的。

土的触变性强弱程度用灵敏度 $S_t$ 表示，即：

$$S_t = \frac{q_u}{q_u'} \tag{8-1}$$

式中：$q_u$ 为原状土的无侧限抗压强度；$q_u'$ 为重塑土的无侧限抗压强度（保持含水量和孔隙比与原状土相同）。

土按照灵敏度可分类如下：

非灵敏性土 $S_t$=1，低灵敏性土 $S_t$=1～2，中灵敏性土 $S_t$=2～4，高灵敏性土 $S_t$=4～8，极灵敏性土 $S_t$=8～16，微流动土 $S_t$=16～32，中等流动土 $S_t$=32～64，流动土 $S_t > 64$。

灵敏性土极其容易发生触变，作为堤坝工程或建筑物的地基一般采取人工加固，如喷粉（水泥、粉煤灰、石灰等）搅拌，或分层填筑土石强夯，把灵敏土挤出置换，或掺混土石降低含水量。

4. 饱和粉细砂

饱和粉细砂的特性与软土不同，没有黏粒、胶粒，没有塑性，有一定的抗剪强度，压缩系数不是很大。但受到地震或一些反复振动时，粉细砂被加密，孔隙减小，导致孔隙水压力上升，有效应力降低。当孔隙水压力等于该处粉细砂的上覆土柱压力时，抗射强度完全丧失；当孔隙水压力大于上覆压力时，则发生喷水冒砂，导致基础下沉偏斜、堤坝塌陷裂缝、边坡塌滑。

级配均匀的粉细砂容易液化。中值粒径 $d_{50}$ 为 0.05～0.1 mm，不均匀系数 $c_u$ 为 2～5 的极细砂与细砂最易液化；中值粒径 $d_{50}$ 为 0.02～0.5 mm，不均匀系数 $c_u$ 小于 10 的粉砂至粗砂都属于易液化砂。除了级配，砂土的密实度、沉积时间、震动力的强弱等都是影响液化的重要因素。

### （二）地基的处理

对可能液化的地基进行处理，可采取强夯、振冲、振冲置换等增加砂层相对密度的工程措施，或采取压载增大上部压力、围封防止砂层向建筑物轮廓外挤出或喷出的措施。下面重点介绍软土地基处理的几种方法。

1. 换土垫层法

换土垫层法就是把靠近堤防基底的不能满足设计要求的软土挖除，人工回填砂、碎石、石渣、矿渣等强度高、压缩性小、透水性好、易压实的材料，压实到要求的密实度作为持力层。其优点是可以就地取材、价格便宜、施工工艺比较简单。由于该方法主要对地基的浅层作处理，地基的强度提高也比较有限，适用于软土埋深较浅、开挖方量不太大的场地，并且上部荷载不能太大，如果荷载过大就要结合其他处理方法。

2. 堤身自重挤淤法

堤身自重挤淤法就是通过逐步加高的堤坝自身重力作用，将处于流塑态的淤泥或淤泥质土外挤，并使淤泥质土中的孔隙水压力充分消散而增加有效应力，从而提高地基的抗剪强度能力。在挤淤过程中，为了避免产生不均匀沉陷，施工时应放缓堤坡、减慢堤身填筑速度，分期加高。该方法具有节约投资的优点，适用于地基呈流塑态的淤泥或淤泥质土，且工期不太紧的情况，同时要求淤泥质土层的厚度较小。

3. 抛石挤淤法

抛石挤淤法就是把一定量粒径适合的块石，抛在需要进行处理的淤泥质土地基中，将原来的淤泥或淤泥质土挤走，从而达到加固地基的目的。通常将不易风化的石料抛填于被处理地基中，最后在上面铺设反滤层。这种方法施工技术简单、投资较小，常用于处理流塑态的淤泥或淤泥质土地基。在一些建筑工程上所使用的强夯置换法、碎石桩置换法等和该方法是一种原理，只是地基的使用方式和上部载荷的特点有所不同。

4. 预压砂井法

预压砂井法是在软弱地层中用钢管打孔、灌砂，设置砂井作为竖向排水通道，将井顶部加固范围内的植被和表土清除，上铺砂垫层，砂垫层中横向布置排水管，用以改善加固地基的排水条件。软弱地层在排水系统和预压荷载的相互配合作用下压密固结，使地基土中的孔隙水排出，以增加有效应力达到硬化固结的目的，提高地基土的强度，卸去荷载后再进行上部的施工。该法适用于工期要求较宽的淤泥或淤泥质土地基处理。

5. 碎石、石灰桩法

碎石法是在地基中成孔，再在孔内分别填入砂、碎石等材料，并分层振实或夯实，使地基得以加固，同时碎石桩还可以同砂井一样起排水作用。用砂桩、碎石加固，初始强度不能太低，对太软的淤泥或淤泥质土不宜采用。

石灰桩、二灰桩法是在桩孔中灌入新鲜生石灰或在生石灰中掺入适量粉煤灰、火山灰（常称“二灰”），并分层击实而成桩。它通过生石灰的高吸水性、膨胀后对桩周土的挤密作用，用离子交换作用和空气中的 $CO_2$ 与水发生化学反应，使被加固地基强度提高。

6. 旋喷法

旋喷法是将带有特殊喷嘴的注浆管置于土层预先设定的深度后提升，喷嘴同时以一定速度旋转，高压喷射水泥固化浆液与土体混合并凝固硬化，具有提高地基承载力成桩的能力。所成桩与被加固土体相比，强度大、压缩性小，适用于冲填土、软黏土和粉细砂地基的加固，也可以作排桩施工或定向喷射成连续墙用于地基防渗。这种方法对有机质成分较高的地基土加固效果较差，宜慎重对待。而对于塘泥土、泥炭土等有机成分极高的土层应禁用。

7. 强夯法

强夯法是法国 Menar 技术公司于 1969 年倡导的一种地基加固方法，它通过

10 ~ 40 t 的重锤（最重可达 200 t）和 10 ~ 40 m 的落距，对地基土施加很大的冲击能（一般能量为 50 ~ 5000 kN·m）。在地基土中所出现的冲击波和动应力，可提高地基土的强度、降低土的压缩性、改善砂土的抗液化条件、消除湿陷性黄土的湿陷性等。同时，夯击还可提高土层的均匀程度，减少将来可能出现的差异沉降。强夯法适用于各类碎石土、砂土、低饱和度的粉土与黏性土、湿陷性黄土、杂填土和建筑垃圾等地基的处理。其应用的工程范围极为广泛，能用于工民建筑、仓库、油罐、仓储、路基、飞机场跑道及码头等，具有施工简单、加固效果好、使用经济等基本特点。强夯法加固地基有三种不同的机制：动力密实、动力固结和动力置换。目前的工程实践多采用动力密实，动力密实的机制，是用冲击型动力荷载使土体中的孔隙减小，土体变得密实，从而提高地基土强度。

强夯产生压缩波（P 波）、剪切波（S 波）、瑞雷波（R 波），使地基振动压密，可以称为“动力固结法”，压缩波之后的瑞雷波（R 波）以振动能量的 67% 左右传出，在夯点附近造成地面隆起。在压缩波和剪切波的综合作用下，土体颗粒重新排列并相互靠拢，排出孔隙中的气体，使土体挤密压实，强度提高。该法对砂性土压密效果较好，可以消除黄土的湿陷性，但对饱和软土和淤泥没有明显的效果。

太原工业大学得出黏性土和砂性土的有效加固深度的经验公式如下：

$$D = 5.102 + 0.0895WH + 0.00936E \tag{8-2}$$

式中：$W$ 为锤重，kN；$H$ 为落距，m；$E$ 为单位面积夯击能，kJ。

有效加固深度如下：

$$D = K\sqrt{WH/10} \tag{8-3}$$

式中：$K$ 为修正系数，取 0.5 ~ 0.8；其他符号意义同前。

8. 加筋加固法

土工合成材料加筋加固法就是在土中加入条带或栅格等筋材，改善土的力学性能，提高土的强度。将土工合成材料平铺于堤防地基表面，使其堤防荷载均匀分散到地基中。当地基可能出现塑性剪切破坏时，土工合成材料将起到阻止破坏面形成或减小破坏范围的作用，从而提高地基承载力。同时，土工合成材料与地基土之间的相互摩擦将限制地基土的侧向变形，从而增强地基的稳定性。

### （三）地基的渗漏特征

大坝坝基渗漏，绝大多数是在大坝开始拦洪蓄水时出现的。随着水库水位的升高和蓄水时间的增长，渗漏量逐渐加大。产生坝基渗漏的主要原因是对坝基透水层没有采取有效的防渗措施，或者在施工过程中没有严格按照设计的要求，或者勘察资料不足，没有能够提供可靠的地质资料。如水平防渗的长度或厚度不够，土工布的接缝没有处理好，防渗墙存在薄弱环节，垂直防渗没有做到基岩上或留有“天窗”，库区存在和坝后连通的断层，库区调查没有查清楚地下暗河、溶洞的分布情况等。

1. 覆盖层地基渗漏特征

第四系地层比较松软，力学强度低，压缩变形大，而且透水性较强，容易受到水的冲蚀破坏。作为大坝的基础，处理起来一般有两种方式：一是将所有覆盖层挖除，在基岩上建筑大坝；二是在开挖到一定程度且保证荷载允许的情况下，做好垂直防渗。所谓垂直防渗方案，是指用防渗墙处理地基，将趾板直接置于覆盖层地基或风化岩层上，并用趾板或连接板将防渗墙与面板连接起来，接缝处设置止水，从而形成完整的防渗系统。趾板与防渗墙之间的连接方式一般有柔性和刚性两种，柔性连接是趾板或连接板与防渗墙顶采用平接的形式，其接缝按周边缝处理，板间设置伸缩缝。刚性连接是趾板通过混凝土垫梁固定在防渗墙顶部的连接，刚性连接一般有两道防渗墙的形式。针对不同的坝型，处理的情况会有所不同。如果在不开挖到基岩的情况下施工，应从两个方面防止渗流引起的问题。一是集中渗流量大引起的地基及坝体的冲刷破坏。二是内部孔隙水压力太高，引起沙土性地基的管涌和液化等，从而造成坝体的破坏。一般发生在由细颗粒土组成的砂层中。

第四系覆盖层的透水性取决于地层物料的颗粒大小、级配状况及其密实度，在主要由极细颗粒（黏土）组成的地层中，每个颗粒的表面都包含着一层高黏滞性结合水膜，使大多数连通的孔隙也不连通了，有时尽管有孔隙却不透水。在粗大的颗粒之间若依次被小颗粒填充，形成密实级的土沙砾石层，其透水性将大大减小，成为相对不透水层。

绝大多数的深厚覆盖层都是经过多次沉积而形成的，形成的覆盖层具有各向异性和不均匀的特性。在不同深度，同样粒径的沉积由于压力的作用，一般埋得越深越密实，透水性越小。上部的覆盖层给下部沉积层一定的渗漏防护，上部的层厚越厚，对下部的防护效果就越好，因此下部沉积层漏水就要两次穿过上部厚的防护层，一旦阻力增加、渗径延长，渗流量将减小。由此可以得出，深厚覆盖层的防渗重点是透水性较大的浅部。

当大坝地基存在渗漏水流时，渗流会形成一种渗压力，对地基的承载力造成不利的影响。渗压力与渗流通道的大小和水流速度呈一定的正向关系，在数值上等于引起水流动的水头（$h$）、过水断面（$A$）和水的容重（$\gamma_w$）的乘积。渗压力减小了土粒间的有效应力，而土体的抗剪强度又与其承受的有效应力相关联，渗压力的存在对土体的稳定存在很大的影响。

举例来说，当垂直向上作用的渗压力等于土的浮容重时，就会在土体中形成一种“液化”条件，使土的抗剪强度降低为零，这种现象在渗流速度过大的地方都会出现。土体丧失抗剪强度的条件如下式。

$$hA\gamma_{w} = LA(\gamma - \gamma_{w}) \tag{8-4}$$

式中：$hA\gamma_{w}$ 为渗压力；$LA(\gamma \quad \gamma)$ 为土的水下重量，$\gamma$、$\gamma_{w}$ 为土、水的容重；$L$ 为垂直流动途经的距离；$A$ 为受力的面积；$h$ 为地下水的水头。

这种条件可以简单地用临界水力梯度 $J_{i}$ 来表述：

$$J_{i}=\frac{h_{临界}}{L}=\frac{\gamma-\gamma_{w}}{\gamma_{w}}=\frac{\gamma_{b}}{\gamma_{w}} \tag{8-5}$$

它等于土的水下容重（$\gamma_{b}$）与水的容重（$\gamma_{w}$）之比。对于典型的无黏性土来说，$J_{i}$ 约等于 1。这一临界梯度可与流网中向上流的某单元处的梯度相比较，以校核液化条件的可能性。如果水流不是完全垂直而是倾斜的，则液化的可能性减小。

如果一个大坝的地基土处在液化状态下，如不加固处理，大坝将受到安全威胁，细小颗粒可能先被冲走形成空洞，发展下去就形成了通道，连通性的增强缩短了渗径，增大了水力梯度，使渗流进一步增大、发展，将会危及大坝的安全，有可能导致溃坝。

2. 基岩地基渗漏特征

基岩地基大坝渗漏，一般是因为地基中存在连通库区大坝防渗体系内外的裂隙或通道，在水库水压力的作用下水体沿着裂隙流出。国内外有很多大坝是建在可溶性基岩（灰岩等）上的，发育贯通的溶洞或裂隙即使经过灌浆处理也可能有较大的渗漏量。大量的渗漏降低了水库的经济效益，却很少酿成大坝的毁坏，也有个别基岩坝基因渗漏量过大而导致大坝失事的实例。

当坝基基岩成分含可溶性岩类矿物时，渗透水流可能会将其逐渐溶解、流失，形成空洞。这种化学侵蚀作用的影响，只有在以岩盐和石膏为主要成分的坝基上，才能在短时间内表现出来，而对于石灰岩、白云岩，因为溶解速度很慢，用漫长的地质年代计算才能显示出来。因此，在大坝有限的运行期间这些问题不用考虑。

含有大量黏土矿物的岩石地基，如页岩、泥岩、黏土质粉砂岩和泥质沉积物形成的软岩，在正常情况下其力学强度很高，大多能够满足工程建设的需要。但一些外在因素引起外围压力降低，在卸荷等条件下可能产生一些裂隙，如果在有较多裂隙的情况下有水向其渗透，岩石就会进一步吸水膨胀、软化乃至破碎，进一步发展会影响到坝基的安全。潘家铮院士指出，当软化系数 $\eta$（单轴湿、干抗压强度之比）小于 0.75，且抗压强度小于 30 MPa 时，一般不宜用作重力坝基础，局部需要进行改善处理后才能应用。这类大坝基础如果在建设初期没有进行适当的处理，在运行期间出现渗漏问题就要引起重视。

### (四) 大坝坝体渗漏的特征

相对于大坝地基的渗漏，土石坝的坝体渗漏现象不算很多，毕竟是能看得见的工程部位，设计、施工、监理和验收都有比较成熟和严格的流程。土石坝坝体渗漏的原因主要有几个方面。

① 填筑土石料不合适。如铜陵市牡丹水库坝体心墙材料为砾质土，砾石含量大于20%，而黏粒含量小于15%，渗透系数过大，导致汛期坝体内浸润线过高，坝体外坡大面积散浸。

② 施工质量差，碾压不实，土工布接缝不严密，坝体内有松散土层。

③ 涵闸本身断裂或涵闸不均匀沉降引起闸体变形，并导致水流从涵闸四周接触带流出。

④ 收缩缝止水材料老化、覆盖层没有清理好、坝体与库岸接触部位清理不到位等，致使坝体产生不均匀沉陷而产生裂缝，形成漏水的通道。甚至有的水库在施工过程中取消了防渗心墙而造成坝体渗漏。

土石坝坝体一旦出现渗漏，将会挟带坝体的细颗粒流出，形成坝体空洞，乃至破坏大坝造成溃坝，危害较大。对这类渗漏的处理办法，一般是在上游增筑防渗体，在坝内灌浆堵缝或增建混凝土防渗墙，同时在下游做好反滤排水等。

混凝土坝坝体产生渗漏，主要原因是混凝土抗渗性能差，横缝止水系统质量差，或存在裂隙和架空形成渗水通道。

一些大坝在渗漏的作用下，有的库水具有溶出性侵蚀，坝体水泥中的CaO溶化析出变成$Ca(OH)_2$，在出水口处与空气中的$CO_2$反应形成白色的碳酸钙，发生“析钙”现象，运行多年的大坝很多有渗水析钙现象，混凝土已经发生病变，降低了大坝的耐久性，还有可能直接危及大坝和水电厂发电设备的安全运行。由于坝体渗漏水为有压渗流，仅从廊道或下游坝面堵塞渗漏溢出点，往往达不到防渗止漏处理的目的，因此，应设法从源头封堵住渗漏的入渗点，增强坝体和横缝的防渗能力，同时适当辅以引排措施，渗漏引起的大坝坝体压力增大是混凝土大坝很重要的危害因素。

### (五) 绕坝渗漏的特征

水库蓄水之后，水流绕过大坝两端的岸坡，进而渗往下游，这种渗漏现象在目前被称为“绕坝渗漏”。

绕坝渗漏的原因，主要是坝头与山体的接合面或山体岩层的破碎裂隙带未进行严格防渗处理。在大坝施工的过程中，坝头与岸坡接头防渗处理措施不严谨，造成施工质量不达标，不符合设计要求。在土石坝施工的过程中，对土体物理学指标分析不当，使得施工之后常常会出现浸润线高于设计浸润线的位置，这就造成了水流通过渗漏方式从下游的岸坡溢出，进而导致岸坡失稳。这种渗漏问题一般出现在砂砾岩石层、透水性较大的风化岩层、含有石块的泥土和岩层破碎地区。小浪底反调节水库西霞院水利枢纽大坝蓄水后，由于蓄水压力形成透水层，从而产生了绕坝渗流，伴随着库区水位抬高，大坝下游滩地及居民区的地下水位也随之升高，对房屋等建筑地基造成不利影响。西霞院大坝下游村庄的地下水明显抬升，能够看到低洼地段和部分农田被水淹没。

绕坝渗漏的处理办法多数是采取灌浆、铺设防渗层、反滤排水等。其他建筑物渗漏主要是指溢洪道和输水洞的渗漏。其原因主要有涵管制造和砌筑质量差，建筑物基础处理以及与山体接合面的防渗处理不好，设计布筋强度不够而断裂，伸缩缝止水材料老化，灌浆封孔不够严密等。对这类事故的处理办法，主要是采用止水防渗和加固补强，如用化学材料灌浆或用钢板或钢管内部衬砌等。

## 二、水库大坝加固技术

我国水库大坝数量多、分布广，坝型多，病害成因、险情各异，这必然导致水库大坝加固技术复杂、难度大，涉及面广、针对性强。近年来，国家投入大量资金、人力、物力对病险水库进行除险加固，取得了良好的治理效果和社会效益。

### （一）土石坝加固技术

1. 提高防洪标准的加固技术

按现行规范复核大坝坝顶高程，若土石坝坝顶高程不够时，则须对大坝进行加高处理。提高土石坝防洪标准的加固措施主要有以下两种方法。

① 通过在无防浪墙的大坝坝顶上游加设防浪墙。

② 加高大坝坝体。加高分为以下 3 种方式。

A. 在原大坝下游培厚并加高坝顶。这种方式不影响水库蓄水，也不受水库蓄水限制。丹江口水利枢纽工程左岸土石坝加高就是采用下游培厚加高的方式。

B. 在原大坝上游面培厚大坝并加高坝顶。这种方式适用于大坝上游坝坡抗滑、不满足规范要求或下游坝坡地形、地物不容许培厚加高的条件。在水库大坝上游坡培厚加高须降低水库水位或放空水库，限于降水设施的限制或库区取水的需要，在设计中应研究合适的施工控制库水位。

C. 戴帽加高。在土石坝坝体加高高度相对不大，且原坝体的填筑质量较好、坝坡抗滑且稳定并具有一定安全宽度时，可采用在坝顶戴帽加固的方式。

2. 防渗加固技术

土石坝防渗加固措施可分为水平防渗和垂直防渗两大类，其原则是上堵下排，使其渗透坡降不超过允许坡降，以此保持土体的渗透稳定。目前，我国水库土石坝常用的防渗加固处理措施主要有混凝土防渗墙、高压喷射灌浆、劈裂灌浆、土工膜及其他防渗加固方式。

3. 坝坡稳定加固

土石坝坝坡稳定加固处理前，应根据坝坡不稳定的原因，针对具体情况采取相应的措施，其原则是设法减少滑动力与增加抗滑力，加固处理措施可概括为“上部减载、下部压重”。土石坝坝坡加固主要采取消坡或培坡放缓、增设防渗排水设施，置换筑坝材料以及加密坝体等措施来提高坝坡稳定性。

4. 抗震加固

土石坝抗震加固主要分为坝体震害裂缝处理、渗漏处理、滑坡处理和液化处理等内容。目前较为普遍和行之有效的坝体滑坡抗震加固技术措施主要有放缓坝坡、压重固脚、导渗排水、置换筑坝材料和加密坝体等措施。根据坝体具体震害情况，采取经济合理的抗震加固措施，其原则是设法减小滑动力与增加抗滑力，提高坝体材料的抗剪强度，增大抗震稳定安全性。

地震时，对于可能发生液化破坏的土层和坝基，查明其分布范围和危害程度，根据工程的类型和实际情况，采用加固技术进行处理。目前，液化抗震加固处理技术主要有置换法、振冲加密法、强夯法、抛石压重、砾石或碎石排水井法以及其他方法。1977 年密云水库白河土坝抗震加固时，清除坝上游面可液化砂砾层，采用石渣料回填。1998 年密云水库潮河土坝抗震安全加固时，水下部分采用抛石压坡，水上部分用石渣料替换斜墙上游保护层砂酥料。安徽花凉亭水库大坝砂壳填筑相对密度较低，动力分析表明，上游坝坡砂土在Ⅶ度地震作用下存在地震液化区，最大液化深度达 10m。经分析研究，在上游坝坡宜采用块石压重、石渣料帮坡及放缓坝坡，提高坝坡水下砂土的抗液化能力及坝坡的稳定性。

5. 护坡加固

护坡是土石坝坝体结构重要的组成部分，由于长期受风浪、水浸、冻融、坝体变形等影响，容易发生破坏。护坡加固时可根据现场实际及损坏情况采取局部翻砌维修、细石混凝土或砂浆灌注加固、拆除新建等工程措施。上游护坡可采用块石护坡、现浇混凝土护坡及预制混凝土块护坡，下游护坡可采用草皮护坡、格构草皮护坡、块石护坡、现浇混凝土护坡及预制混凝土块护坡等。对于具有旅游、生态功能的水库，加固时上下游坝坡应选用具有美化、生态功能的护坡形式。

## (二) 重力坝加固技术

1. 坝体加高

通过洪水调节计算复核大坝挡水高程，对不满足计算高度的大坝进行加高。加高形式需考虑坝体应力、稳定条件、水库运行要求、施工条件及投资费用等因素，目前，国内外重力坝坝体加高方式可分为后帮式、前帮式、外包式和直接戴帽加高式等。按新浇筑坝体和原坝体的结合牢固情况，可分为整体式、半整体式和分离式。我国丹江口水利枢纽工程大坝后期作为南水北调中线水源工程，采用后帮整体式加高，加高期间仍承担汉江中下游防洪、发电等任务。美国的罗斯坝（Ross Dam）、日本的黑田坝等采用外包式进行加高，美国哥伦比亚河上的大约瑟夫坝采用直接戴帽加高 3.05 m ，施工期间，水库大坝照常运行，不受影响。

2. 防渗加固

渗漏分为坝体渗漏和坝基渗漏两种情况。坝体渗漏导致坝体扬压力上升、侵蚀坝体物质，特别是对于浆砌石坝体，渗漏会导致坝体胶结物析出，块石风化加速。坝基渗漏导致基底扬压力增大，不利坝体稳定，长期坝基渗漏，侵蚀坝基岩体，造成破坏。

(1) 坝体防渗加固

① 新建防渗板。在坝体上游面新建钢筋混凝土防渗板是解决坝体渗漏比较彻底的防渗加固措施，防渗板分缝分块，缝间设止水片，浇筑防渗板前对结合面进行凿毛处理，采用锚筋加强新浇筑防渗板与原坝体结构结合。

② 涂刷防渗层。在坝体上游面涂刷丙乳砂浆或其他具有防渗性能的涂料，封闭原坝体上游面裂缝，起到防渗堵漏作用，减少坝体渗漏量。

③ 防渗灌浆。对于浆砌石重力坝坝体渗漏可采取坝体防渗灌浆加固处理。在坝体靠近上游面部位钻孔灌注水泥浆，充填、封闭坝体裂缝，减少渗漏通道。

(2) 坝基防渗加固

重力坝坝基一般为基岩，渗漏多采用灌浆进行加固处理，可采用水泥灌浆、水泥与黏土混合材料灌浆或化学材料灌浆等，通过钻孔灌浆使水泥浆液充填基岩裂隙、孔洞，降低渗流流速，减少渗流量，降低坝基扬压力，减少对基岩的水流侵蚀作用，有利于坝体及坝基的稳定。

3. 裂缝补强处理

裂缝处理前应对裂缝检查以获得必要的数据资料，再根据裂缝所处的部位、原因、裂缝规模、危害性评定等，进行综合分析研究，确定合理处理方法。裂缝补强处理后应达到恢复结构整体性，限制裂缝扩展，满足结构强度、防渗、耐久性和建筑物安全运行的目的和要求。裂缝处理基本方法可分为三种，即表面修补法、内部修补法和锚固法。对位于混凝土表面且其表面有防渗漏、抗冲耐磨等要求的裂缝，应进行表面处理，对削弱结构整体性、强度、抗渗能力和导致钢筋产生锈蚀的裂缝，要进行内部处理；对危及建筑物安全运用和正常功能发挥的裂缝，除进行表面处理、内部处理外，还需采取锚固或预应力锚固等结构措施进行处理。

### （三）拱坝加固技术

1. 防渗加固

(1) 坝体防渗加固

对于混凝土拱坝，横缝受到破坏会发生渗漏；对于浆砌石拱坝，因未设防渗层而砌缝处理不当或设有防渗层但施工质量差等问题会发生渗漏。解决坝体防渗可以采用灌浆、喷涂防渗层、浇筑防渗面板等措施。浙江梅村水库砌石拱坝坝体上游内侧设有 C15 混凝土防渗层，因施工中出现冷缝，砌石体施工质量控制不严等原因导致坝体下游渗水，采用水泥浆液加早强剂对漏水部位及坝体强度薄弱部位灌浆，对漏水严重的溢流堰顶部采用聚酰脂材料进行封堵，效果良好。四川下涧口水库浆砌条石拱坝采用膨胀螺钉挂网喷砂浆作为防渗层，较好地解决了坝体渗漏问题。湖北天福庙浆砌石拱坝上游面设厚约 1 m 的混凝土防渗层，防渗层上游面为厚 0.5 m 的条石镶面兼作施工模板，由于坝体及防渗层施工质量差，漏水严重，加固设计采用在条石上游面重新进行砂浆勾缝，并在上游设置变厚钢筋混凝土防渗面板进行防渗加固。

(2) 坝基与坝肩防渗加固

拱坝坝基和坝肩渗漏会造成扬压力偏高，恶化坝基坝肩地质条件，对坝肩稳定形成威胁，同时降低水库的运行效益。坝基渗漏及坝肩绕坝渗漏一般采用帷幕灌浆处理，坝肩地下水位较高时，可在坝肩设置排水孔或与帷幕灌浆组合设置。浙江白水涤水库砌石拱坝在 1/4 ~ 2/5 坝高处稳定不满足要求，经分析，除拱端嵌入深度不够外，主要原因是坝基未设防渗和排水系统，加固处理时在坝肩帷幕下游增加一排排水孔。四川长沙坝水库坝基及坝肩存在渗漏问题，采取在坝基沿原坝前帷幕线布置单排加强帷幕，底线到相对不透水层顶部。下涧口水库浆砌条石拱坝两端设有重力墩，加固处理时，对右重力墩采用帷幕灌浆封闭渗水通道。

2. 坝体结构加固

(1) 坝体结构加固

由于体型设计不够合理，施工质量控制不严，基础处理不到位，致使坝体应力不满足规范要求，在特殊或极端工况状态下，坝体拉应力超过自身允许拉应力，坝体出现少量裂缝。坝体结构加固可采用上游面加厚、下游面加厚或两者结合的方式，加厚部位可根据工程具体情况布置在中下部、中上部或整个坝体高度内，在拱圈平面上可采取等厚或不等厚方式。如四川长沙坝加固采取在坝体上游面增设一层2 m厚混凝土防渗面板，既解决了坝体强度问题，又解决了坝身防渗问题。白水涤水库砌石拱坝在坝基以上17 m高度内对坝体进行加厚。

(2) 坝体裂缝处理

坝体裂缝大多为径向竖直裂缝，有些裂缝上下游贯穿，成为“劈头缝”，破坏了坝体的整体性，对安全运行构成威胁。对裂缝处理一般采用凿槽充填法和灌浆法，凿槽充填法是对裂缝表面处理，可采用环氧砂浆、柔性复合止水材料等；灌浆法是对裂缝深层处理，可采取水泥灌浆和化学灌浆。对拱坝而言，大多采用化学灌浆，根据拱坝受力特点，裂缝灌浆宜选在低温低水位条件下进行，灌浆压力及布孔方式应根据工程具体情况确定。

3. 坝肩加固

坝肩稳定对拱坝安全运行至关重要，在早期拱坝建设中，由于地质勘探工作或经费等原因，坝肩处理不彻底或存在不利地质条件，或由于多年运行地质条件的恶化等导致坝肩稳定性不够。坝肩加固前，应通过地质勘探，查明对坝肩稳定起控制作用的不利地质条件，对其进行稳定分析，进而采取相应的加固措施，坝肩岩体加固措施可采用排水孔（洞）、固结灌浆、锚固抗滑桩、推力墩或预应力锚索等处理措施或综合处理措施。

#### （四）金属结构加固改造

病险水库中金属结构主要包括各种金属闸门、启闭机及其各种闸阀和控制设备。由于建库时设计、制造、安装技术等条件的限制及其他社会因素，造成了部分金属结构设计不合理，以及制造、设计、安装质量差等问题，经过几十年的运行，金属结构多数已陈旧老化，并已到了折旧年限，对其加固改造一般是根据实际情况采取拆除，设计更换或除锈翻新等措施。

## 第二节　污染湖泊水库修复与水库生态环境治理

### 一、污染湖泊水库水环境修复

#### （一）湖泊水库的概念

湖泊是指陆地表面洼地积水形成的比较宽广的水域。现代地质学定义：陆地上洼地积水形成的、水域比较宽广、水流缓慢的水体。汉语定义：湖与泊共为陆地水域，但湖指水面有芦苇等水草的水域，泊指水面无芦苇等水草的水域。

湖泊的形成、演化、成熟直至最终消亡，是在一定环境地质、物理、化学和生物过程的共同作用下完成的。因此，湖泊类型和湖泊环境表现出显著的地域特点。世界湖泊根据湖盆成因主要有如下几种。

① 构造湖，地壳活动形成的构造断陷湖通常水深规模大，如美国大湖区的形成与地质构造活动有关；俄罗斯的贝加尔湖、我国云南的洱海和泸沽湖等也是典型的构造断陷湖。

② 火山湖，火山成因的湖泊规模相对较小，但水深较大，如我国的五大连池。

③ 壅塞湖，如岷江上游形成的诸多海子，云南程海也是断陷构造与地震滑坡共同形成的。

④ 冰川湖，阿拉斯加和加拿大有大量现代冰川作用形成的湖泊。

⑤ 河流成因的湖泊，这类湖泊的亚种比较多，主要又分侧缘湖、泛滥平原湖、三角洲湖和瀑布湖等，我国长江中下游的大量湖泊均属于此类。

⑥ 水库，人造的湖泊，而规模较小的则称为“水塘”“塘坝”和“蓄水池”。一般的形成方法是在河流的中上游建造堤坝，河水把河谷淹没后便形成水库。有的水库是建于海上的，如香港的船湾淡水湖。水坝一般都建于狭窄的谷地，因为两岸的山坡可以作为水库的天然围墙，而水坝的长度也可大大缩短。兴建之前，将被水淹地带的民居和古迹需要移到其他地方。

湖泊一般都是天然形成的，而水库一般是在河流水系基础上人为设计和建造的。相比较来说，天然湖泊水深比较浅，而水库通过建造水坝形成，水深比较深。水库通常具有更大的流域面积，比较大的水面面积，更深的平均深度和最大深度，比较短的水力停留时间，水体流动形态相差比较大。这些不同之处都会影响到其水体修复技术和措施的选择。

但是，湖泊和水库有着许多相似之处。例如，其生物过程和一些物理过程是类似的，具有相同的动物群落和植物群落，两者都可能发生分层现象，其富营养化现象也是相同的。

### (二) 湖泊水库水环境修复概念

由于受到长期污染的损害，大量的湖泊水库生态系统处于生物多样性降低、功能下降的退化状态，严重威胁人类社会的可持续发展。因此，如何保护现有的湖泊水库生态系统，综合整治和恢复污染退化的湖泊水库环境，使之恢复到可持续发展的自然状态，成为人类亟待解决的重要环境问题。

湖泊水库水环境修复是指通过人为的调控，使受污染损害的生态系统恢复到受干扰前的自然状态，恢复其合理的内部结构、高效的系统功能和协调的内在关系。污染受损湖泊水库的修复主要强调两方面内容：一是通过一定的修复措施尽可能抵消或减轻一部分已被证明对环境和人类有害活动的负面效应，修复生态系统的服务功能，使湖泊水库能够满足人类的需要；二是使受损或受干扰湖泊水库生态系统在结构和生态功能上恢复到破坏前的“完美”状态。

### （三）污染湖泊水库环境修复工程

#### 1. 外源污染控制

外源污染包括点源污染（工业污水、生活污水等）和点源污染（初期雨水径流、空气降尘、农业废物倾倒等），外界污染物质的输入是绝大多数湖泊水库受损的根本原因。从长远来看，从根本上控制水体污染，就必须减少或拦截外源污染物质的输入。控制外源污染源主要是利用管理、工程、技术手段限制污染物质进入湖泊水库，避免已退化湖泊水库的受损程度加剧。防止新的污染发生的根本方法，主要包括改变生产和消费方式以减少污染物的产生，建设相关处理设施以减少进入湖泊水库的污染物质浓度和总量等。

湖泊水库的污染源控制可分为点源污染控制和非点源污染控制两种类型。

（1）点源污染控制

湖泊水库点源具有明确的、相对固定的物质来源，一般采取“末端处理技术”和执行严格的排放标准来进行控制。目前，由于以“末端处理技术”为核心技术的“零排放”环境政策的高昂代价和对复杂环境问题处理的低效，点源污染控制已经走向综合性控制，包括管理上的排放标准、总量控制、高效污水处理厂的建立、鼓励清洁生产、建立循环经济的发展模式、改善城市居民生活方式、广泛的环保意识宣传教育等。目前，发达国家基本可以有效控制湖泊水库的点源污染。相对而言，由于生产力发展水平的限制，我国点源控制工作起步较晚，点源仍然是湖泊水库环境重要的污染物来源。随着近年大量污水处理厂和其他配套措施的建立、运行，重点湖泊水库的点源负荷逐渐得到控制。如在我国“三湖”治理时，采用污染物总量控制和限期达标排放的对策，使得“三湖”周围日废水排放量超过 100 t 的 1300 家重点企业已基本达标排放，无法达到要求的企业限期关闭。

根据不同工业行业污染废水，点源污染控制可以分为生活污水处理技术和工业废水处理技术两种类型。常用的生活污水处理技术有生物塘、生活污水净化槽［厌氧—缺氧—好氧法（$A^2/O$）、氧化沟］、生物与化学法结合（生物硝化—反硝化与化学沉淀除磷相结合的工艺）；常用的工业废水处理技术有物理法（混凝沉积、气浮、过滤)、化学法(沉淀、离子交换、氧化还原、活性炭吸附、臭氧氧化、湿法燃烧等)和生物法(活性污泥法、生物膜反应器、厌氧发酵)。相关废水处理的技术可参考相关水污染控制资料。

生活污水处理系统的设计要结合地方特点，针对污染源的排放途径及特点，可采用集中处理、分散处理或二者相结合的方式。集中处理技术通过建立污水处理厂有效去除氨、磷、$BOD_5$和SS等污染物，分散式生活污水可通过修建小型污水处理厂，或因地制宜建立生物塘和污水净化槽等进行处理。

许多污染物(如农药、油漆)采用单一方法往往难以奏效，需要采用物化方法和生物方法相结合的综合手段进行处理。对污水中的氮、磷，可以采用生物硝化—反硝化与化学沉淀相结合的方法进行处理。

总之，点源污染控制方案的选择应全面综合社会、经济、技术、设备等因素，制定出经济、有效、合理的治理方案。

(2)非点源污染控制

非点源是湖泊水库污染物的另一个重要来源，欧美、日本一些研究发现，湖泊水库污染负荷的50%以上来自非点源，其中农村非点源问题尤其突出。我国湖泊水库富营养化的泥沙、氮、磷等来源相当一部分是由农村非点源贡献的，滇池、洱海、太湖等受非点源污染影响十分严重，其中滇池90%以上的入湖泥沙来自农村非点源，氮磷可能占总污染负荷的40%～80%。

① 总体设计。程序非点源影响因素很多，情况复杂，很难规定统一的总体设计程序与方法。根据国内外对非点源研究、规划和治理工作的经验，非点源控制的总体设计程序包括四个阶段。

A. 非点源负荷量及特征调查。通过现场观测和非点源模拟计算，查清流域非点源的来源、强度及其特征，定量确定非点源的污染负荷量。

B. 计算湖泊水库非点源允许入湖负荷量。通过对湖泊水库点源、内源等调查，确定允许入湖负荷量，进而明确非点源允许入湖负荷量。

C. 确定非点源污染控制最佳方案。

D. 设计湖泊水库非点源污染控制的最佳总体方案。

② 控制技术。由于非点源污染具有源头众多、污染产生和迁移空间差异显著、随机性大等特点，使得非点源处理难度较大，很难采取点源污染控制的集中处理方式。因此，非点源控制主要根据湖泊水库流域系统不同生态位和污染物性质，设计各类污染控制工程、环境治理工程、水质净化工程和生态修复工程，综合运用各类工程措施进行污染物控制、截留、转化和治理。湖泊水库非点源污染控制技术可以分为工程技术和管理技术两大类。

(3) 前置库技术

前置库是指在受保护的湖泊水库水体上游支流，利用天然或人工库（塘）拦截暴雨径流，通过物理、化学及生物过程使径流中污染物得到净化的工程措施。广义上讲，湖泊水库汇水区内的水库和坝塘都可看作湖泊水库的前置库，对入湖径流有不同程度的净化作用。

① 技术原理。前置库是一个物化和生物综合反应器。污染物（泥沙、氨、磷及有机物）在前置库中的净化是物理沉降，化学沉降，化学转化及生物吸收、吸附和转化的综合过程。物理作用主要是由于暴雨径流进入前置库后，流速降低，大于临界沉降粒度的泥沙将在库区沉降下来，泥沙表面吸附的氨、磷等污染物同时沉降下来，径流得到净化。化学作用是通过添加化学试剂破坏径流中细颗粒泥沙及胶体的稳定状态，使其沉降，同时也可使溶解态的磷污染物发生转化，形成固态沉淀下来。通常使用的化学试剂有磷沉淀剂（铁盐）、脱磷剂和絮凝剂，前置库的生物作用表现在水生生物对去除氮磷污染物的作用。氮磷是水生生物生长的必需元素，水生生物从水体和底质中吸收大量氨磷满足生长需要，成熟后水生生物从前置库中去除被利用，从而带走大量氮磷。径流中氮磷污染物通过生物转化后，既减少了污染，又得到了再生利用，水生生物对有机物和金属、农药等污染也有较好的净化作用。

② 工艺流程。在湖泊水库污染控制中所指的前置库工程，是为了控制径流污染而新建对原有库塘进行改造，强化污染控制作用的工程措施，通常采用人工调整方式。前置库工艺流程如下：暴雨径流污水，尤其是初场暴雨径流通过格栅去除漂浮物后引入沉砂池。经沉砂池初沉砂，去除较大粒径的泥沙及吸附态的磷、氮营养物。沉砂池出水经配水系统均匀分配到湿生植物带，湿生植物带在这起着“湿地”的净化作用，一部分泥沙和磷、氮营养物质被进一步去除。湿地出水进入生物塘，停留数天后，细颗粒物沉降，溶解态污染物被生物吸收利用，待净化作用稳定后排放，出水可以农灌或直接入湖。经过多级净化后，径流污染得到较好的控制。

2. 内源污染控制

湖泊水库内源污染是指湖内污染底泥中的污染物重新排入水体的过程，包括污泥和水体内污染物的释放。

湖底沉积物是水环境生态系统的重要组成部分，为水生生物提供重要的栖息环境，具有重要的生态功能，被看成与水、大气和土壤并列的环境污染物迁移、转化和蓄积的“第四环境介质”。沉积物是流域污染物质循环中的主要蓄积库。对于污染严重的湖泊水库，一定环境条件下沉积物中长期累积的大量有害物质的突然释放，可能成为威胁水环境安全的潜在“化学定时炸弹”。底泥中污染物的释放过程与湖泊水库水环境状况及底泥的特性等密切相关，在湖泊水库的点源与非点源得到有效控制后，这一过程一般都会加快，即底泥污染物的释放速率会明显增加。因此，湖底沉积物中堆积的大量污染物向水体释放，是导致湖泊水库污染的一个不可忽略的来源。

对湖泊水库污染内源的控制主要采用沉积物疏浚工程、沉积物表面覆盖、曝气氧化、化学钝化处理等控制沉积污染物的释放。特别是对污染或淤积严重的浅水湖泊水库，疏浚工程运用最为普遍，效果也最为明显。

（1）沉积物疏浚

以污染湖泊水库内源污染控制和生态恢复为目的的沉积物环境疏浚，与普通的工程疏浚有很大不同。环境疏浚旨在清除湖泊水库水体中的污染底泥，并为水生生态系统的恢复创造条件，同时要与湖泊水库综合整治方案相协调，工程疏浚主要为某种工程的需要如疏通航道、增容等。

① 疏挖技术种类。一般有两种形式。第一种是将水抽干，然后使用推土机和刮泥机，这种方法应用非常有限，大多数应用在小型水库中。因为这种技术明显的缺点是必须将所有的水放干或者用水泵抽干，另一个缺点是湖底或水库底部必须脱水以便机械化作业。这种要求一般很难做到。第二种是采用带水作业，是真正的疏挖，应用也最多，可以采用机械式，也可以采用水力式，或者在某些情况下采用特殊形式。

② 底泥疏挖方案的制订。底泥疏挖工程方案设计内容包括设备的选择和底泥处置场的设计。设备的选择需要考虑设备的可得性、项目时间要求、底泥输送距离、排放压头、底泥的物理和化学特征等。底泥处置场的设计需要考虑容纳的底泥容积、悬浮固体含量、底泥颗粒分布、相对密度、流变性或者塑性、沉降特征等。

底泥处置是限制疏挖的一个经常遇到的问题，因为其通常需要大的处置面积，而疏挖地区通常人口比较密集，难以找到处置底泥所需要的地方。因此，有必要综合利用所疏挖的底泥。

一般而言，一个湖泊水库如果水比较浅、沉淀速率非常低、底泥有机物含量高、水力停留时间长、严重影响正常功能的发挥等，就需要进行疏挖。疏挖需要考虑底泥深度变化规律、颗粒分布、汇水面积及沉淀速率。底泥的深度随着湖泊水库的形态变化而变化。底泥的特征一般水平方向上比较均衡，而在垂直方向上变化比较大，有必要调查底泥垂直分布特征，包括底泥成分、颗粒分布、容积、含水率、颜色和组织结构特征等。

为了控制内源性污染及巨型水生植物的生长，需要确定疏挖底泥的深度，就目前来说尚无明确的原则可循。同样，为了避免巨型水生植物过度生长，所需要疏挖底泥的厚度也比较难以确定，涉及的因素包括温度、底泥结构、底泥营养程度及光线强度等。据有关研究报道，在2 m深的水层中，疏挖底泥1 m，1年以后，水生植物60%恢复生长，而疏挖底泥深度达到1.4 m和1.8 m时，水生植物就没有恢复生长。

巨型水生植物通常能够生长在2 m多深的水里。这也许意味着光线本身不是影响其生长的唯一因素。当然，对于巨型水生植物只要能够控制其生长程度就可以了，而不必从湖泊中彻底铲除。这是因为，巨型水生植物能够为鱼提供产卵场所，为水禽提供食物，为野生动物提供栖息场所等。

③ 环境疏浚的工艺流程。环境疏浚主要考虑降低沉积物污染负荷，因此，首先需要对沉积物中污染物种类、含量分布、剖面特征、沉积速率、化学及生态效应等进行详细调查和分析，确定疏浚范围、疏浚深度，在此基础上根据疏浚区现场条件制定具体的工程方案。环境疏浚的工艺流程如下：挖泥船挖泥→污染底泥泥浆经排泥管输送→接力泵站或接力泵船→排泥管二次输送→底泥堆场→经沉淀后余水排放，污染底泥处理后堆置或利用。

沉积物中的污染物必须进行无害化处理或采取防止污染扩散的措施，避免污染转移或产生二次污染。污染沉积物疏浚后一般要选择堆场来储存疏浚的沉积物。首先要设计符合环境疏浚特殊要求的疏浚沉积物堆场，堆场围埝的体积、结构和防渗应达到要求，堆场围埝可以是土埝、石埝和砂埝。在国内一些湖泊水库环境疏浚工程中，铺设土工膜防渗是一种简单有效的措施。对场中疏浚沉积物沉积后的余水进行必要的处理和监测，以保证余水排放能够达到标准，必要时可以通过采取一定的物化方法（投加化学絮凝剂或增加过滤装置）控制排放余水水质。疏浚堆场中的污染沉积物通常采用物化、生物方法进行处理，常用的方法有颗粒分离、生物降解、化学提取等。疏浚沉积物可以循环利用，疏浚沉积物无害化后可以用于改良土壤或荒漠地区的表土层重建，用于湖滨绿化带建设。湖泊水库疏浚的沉积物具有颗粒细、可塑性高、结合力强、收缩率大的特点，可作为砖瓦生产材料。

湖泊水库沉积物疏浚可有效降低湖泊水库的污染负荷。沉积物中重金属、持久性有毒有机污染物等难降解污染物，只能通过疏浚方法从湖泊水库中去除。但沉积物疏浚操作不当，可能引起一些环境问题，如沉积物疏浚过程中的扰动，使得底泥的扩散和颗粒物再悬浮引起短时期内水体中污染物浓度升高，造成二次污染。另外，疏浚工程可能对湖泊水库底栖生态环境造成影响。由于疏浚方式和技术问题，疏浚后新生表层界面暴露，可能出现污染内源恢复现象。底泥疏浚是一个高投入的方法，不论是挖掘、运输，还是污泥最终处置，都要消耗大量的人力和物力。因此，这一措施一般只用于利用价值较高的水体。

(2) 湖泊水库沉积物原位处理技术

原位处理技术是在不疏挖沉积物的情况下通过物理、化学和生物的方法处理污染沉积物，降低沉积物中污染物的迁移活性，以控制沉积物内源污染。原位技术与疏浚等异位沉积物处理相比具有方法简单、工程成本低的优点。按照处理原理，湖泊水库污染沉积物原位处理技术包括原位物理技术、原位化学技术和原位生物技术。其中，原位物理技术包括原位覆盖技术和原位封闭技术。

① 原位覆盖技术。原位覆盖技术是在污染沉积物表面覆盖一层物质，如砂子、卵石和黏土等，依次隔离污染沉积物和水体，将污染封闭在沉积物中，达到控制沉积污染内源的目的。原位覆盖技术可以有效阻隔脂肪烃、重金属、耗氧物质、硝酸盐、磷酸盐、杀虫剂、多氯联苯和多环芳烃等污染物的释放。覆盖层物质一般是低污染的沉积物、砂砾或多种材料高聚合物 (高密度聚乙烯、聚氯乙烯、聚丙烯和尼龙等) 组成的复合层。

原位覆盖技术可以与疏浚结合，在疏浚后的新界面上形成一个阻隔层，有效地控制了污染释放。但由于覆盖层对沉积物的积压，可能导致沉积物和孔隙水位移，会影响覆盖层的完整。原位覆盖技术在湖底坡度大及水动力扰动大的湖区都受到较大限制。覆盖的第一步应该是勘察将被覆盖的现场，实验底泥打桩的可行性。如果底泥流动性大，就需要打比较深的桩，如果底泥太稀，就可能需要用砖或水泥块覆盖。在施工过程中，覆盖材料应该紧贴底泥，不能留有气泡。

② 原位封闭技术。对严重污染沉积物采取强化处理措施，采用物理措施将污染沉积物与水体完全分隔。分隔手段包括隔离膜、围堰、土 / 石堤坝等。很多情况下，其他湖区疏浚污染物也可堆放于该区域内。

③ 原位化学处理技术。添加化学试剂使沉积物发生化学反应，限制沉积污染物的释放。美国 EPA 在 1990 年采用此法对一些水库和湖泊进行处理，以控制水体的富营养化。其原理是通过投加硫酸铝，在沉积物表层形成缓冲层，当沉积物中的磷酸盐迁移到表层时，与之反应形成磷酸铝化合物沉淀。原位化学处理法还可以通过加入硝酸钙、氯化铁和石灰，达到控制沉积磷释放的目的。由于硝酸根氧化还原电位仅次于氧，硝酸钙作为电子受体，可使沉积物的氧化层渗透深度加大，亚铁被氧化形成未定型的或短程有序的水合氢氧化铁，由于氢氧化铁对磷酸盐具有强烈的吸附作用，可阻止沉积物中溶解磷酸盐的迁移。虽然沉淀技术发挥作用比较快，但难以发挥长效作用，一般作为临时措施使用。如果将大量氢氧化铝投加覆盖在底泥表面，就可以随时吸附任何从底泥中释放的磷或者形成铝酸盐。通过这种途径，内源性的磷可以在比较长的时期内 (如几年) 得到抑制，从而抑制湖泊水库的富营养化。

④ 原位生物处理技术。原位生物处理是通过植物直接吸收、根系微生物降解等

功能，使沉积物中污染物分解或转化。原位生物处理可以对填埋的疏浚沉积物堆场进行处理，也可以运用于湖泊水库沉积物的固定和污染物处理。研究表明，水生植物根茎能控制底泥中营养物质的释放，而在生长后期又能较方便地去除并带走部分营养物质。高等水生植物可提供微生物生长所需的碳源和能源，根系周围的细菌数量多，使得水溶性差的芳香烃化合物在根系旁能被迅速降解。

⑤ 原位沉积物钝化技术。通过改变沉积物的物理化学性质，降低沉积物中的污染物向周围环境释放的浓度。沉积物中的污染物一般是通过淋滤作用向水体或地下水迁移，可向沉积物中添加"固定剂"使污染物活性降低。通常使用的"固定剂"包括水泥、火山灰及塑化剂。专业设备采用空心钻达到一定沉积深度，然后用低压将"固定剂"送入沉积物。

3. 藻类控制和去除

水华是湖泊水库富营养化的一个显著特征。水华的爆发不仅会使湖泊水库水质下降，而且会影响湖泊水库的自净能力，进一步恶化湖泊水库的生态功能。所以，通常采用藻类控制与去除技术防治藻类大面积的繁殖和水华的频繁发生。

(1) 物理法

① 人工解层。人为地使各水层混合，消除热分层。热分层可能是蓝藻水华发生或衰亡的关键因素，解层作用限制了蓝藻对光的利用。解层还可以使透光区的平均温度降低，抑制藻类生长。

② 混凝沉淀。向水中投加泥、黏土 (高岭土、蒙脱土等)，在水中分散形成大量的悬浮颗粒，颗粒之间及颗粒与藻细胞之间通过重力差异性沉降、布朗运动、水流切应力等作用发生碰撞聚集，最后在重力作用下沉降于水底，从而消除湖面水华。

③ 机械打捞。机械打捞是一种费时费力的办法，适用于流入水体养分数量不大的情况，即在一次有效打捞后，其效果可以维持几年的情况。这种方法还适用于特别景观要求的旅游场，所以通常作为藻类大面积发生的应急措施。

(2) 化学法

化学药剂法是利用杀藻剂杀死藻类，从而消除湖面水华现象。化学药剂法是最方便、最快捷的一种除藻方法，常用作应急措施，尤其是在住宅区或景观区使用效果更好。但在杀死靶标生物的同时，非靶标浮游生物也被杀死，使依靠这些生产者的鱼类和其他生物受到影响。另外，残留的药剂很容易形成二次污染。同时，由于藻类残体会漂浮于水中或沉入湖底，营养物质仍然留在湖内，养分过多这一根本问题依然未得到解决。更为重要的是，一旦除藻剂被降解或稀释，藻类可能重新大爆发。

(3) 生物法

生物学控制技术是利用水生动物、水生植物、藻类病原菌、病毒来控制、抑制和杀死藻类的方法。在水中放养大型水生植物和大型藻类，一方面可通过竞争作用抑制蓝绿藻的生长；另一方面，大型藻类易于收获，可由此而从湖泊水库内除去氮、磷等营养物质。养殖食藻鱼、控制食浮游动物的鱼类是有效的控制方法。利用致病微生物控制藻类是生物法的一种新途径，即向水中投放藻类致病细菌或病毒，使之染病死亡。病原菌可以在发生藻华的水体中分离得到或者采用基因工程手段得到。生物法具有无污染、费用低、除藻、抑藻效率高的优点，具有广泛的应用前景。

4. 生态修复

(1) 湖滨带生态恢复

湖滨带是湖泊水库水域与流域陆地生态系统间一个重要的生态过渡带。来自陆地的矿物质、营养物质、有机物质和有毒物质在地形和水文过程的作用下通过各种物理、化学和生物过程穿过湖滨带才能进入湖泊水库水体。因此，湖滨带是湖泊水库重要的一道天然屏障，是健康的湖泊水库生态系统的重要组成部分。由于不同生态系统之间的相互作用，湖滨带有特别丰富的植物区系和动物区系，不仅可以有效滞留陆源输入的污染物，还具有净化湖水水质的功能。

由于自然原因和人为活动，许多湖泊水库湖滨带生态系统遭到严重破坏。湖滨带的生态恢复就是在湖滨带生态调查和主要环境因子辨识的基础上，按照生态学规律，利用种群置换手段，用人工选择的组分逐步取代现有的退化系统组分，人工合理调控湖滨带结构，使受害或退化生态系统重新获得健康并有益于人类的生态系统重构或再生过程。湖滨带生态修复的主要内容包括以下方面。

① 湖滨带物理基底的修复，需要通过工程措施利用湖泊水库自然动力学过程（自然淤积、生物促淤）来实现。通过修建临时或半永久的水工设施，如软式围隔、丁字坝、破浪潜体、木篱式消浪墙等，以此降低恢复区风浪对工程的影响。对于浅滩环境的修复，可以采用抽吸式清淤机械将被搬运到湖心的泥土运回，堆筑成人造浅滩。利用围隔促进水体透明度，从而有利于沉水植物的生长。

② 水生植物组建。首先是先锋植物的培育，在此基础上通过自然或人工群落置换。先锋植物一般选择体型高大、营养繁殖力强、能迅速形成群落的挺水植物种类。我国湖泊水库湖滨带恢复中先锋植物通常选用芦苇、茭草和香蒲等。

③ 水生植物群落的优化。在先锋植物群落稳定后，根据生物的互利共生、生态位原理、生物群落的环境功能、生物群落的节律匹配及景观美学要求等，使湖泊水库湖滨带植被群落结构趋向优化，逐步达到生物多样性要求。

（2）水生植被恢复技术

湖泊水库水生植被由生长在湖泊水库浅水区和湖泊滩地上的沉水植物群落、浮叶植物群落、漂浮植物群落、挺水植物群落及湿生植物群落共同组成。水生植物在其生长期间可有效吸收富集水中和水底泥质中的营养盐，起着“营养泵”和“营养库”的作用。合理构建并维持水生植物生物量，可转移出氮、磷等营养盐，各类漂浮植物、浮叶植物、挺水植物和沉水植物等水生植被的恢复和重建可有效分配水体营养盐，避免单一优势的过度滋生，以保持水体净化能力。水生植被恢复要根据退化水生态系统受损过程的分析，筛选适应退化环境下不同生态位的植物物种，配置结构合理、层次立体化、组成复杂的动态群落模式，从而促进初级生产者的恢复与保存，进而建立良好的系统营养关系与食物网络。人工辅助是湖泊水库植被生态恢复的必要措施，通过对湖泊水库环境调控，可以有效促进水生植被的自然恢复。这些措施包括：① 通过多种措施改善植物生境条件，如采用围隔消浪、促淤、底质改善、降低水位等。② 改善湖底光照，通过增加水体透明度、水下补光等措施增加光补偿深度，促进沉水植物恢复。③ 植被人工重建，在已丧失自动恢复能力湖区或不符合水质改善要求的情况下，可通过生态工程进行人工重建。

水生植被的恢复技术包括植物物种选育和培养技术、物种引入技术、物种保护技术、种群动态调控技术、群落结构优化配置与组建技术、群落演替控制与恢复控制技术等。

（3）生物操纵技术

生物操纵是指通过对湖泊水库生物群及其栖息地的一系列调节，以增强其中的某些物质相互作用，促使浮游植物生物量下降。在湖泊水库生态系统中，水生生物链是从食鱼鱼类→食浮游生物鱼类→浮游动物 / 草食鱼类→藻类→底栖生物来完成的。所以，水体中的藻类除受营养物质的控制外，作为食物链中的一环，也受到浮游动物和鱼类的控制。因此，可以通过调控食物链的环节来达到改善湖泊水库水质的目的。

## 二、水库生态环境的治理与保护的方法

水库在完成修建之后，其生态环境也受到了较大影响。若不能对其进行及时治理，很容易将区域生态环境推入恶性循环当中，并限制区域经济的发展速度。对此，需要针对问题采取合适的治理保护措施。

### (一) 水库生态环境的常见问题分析

1. 水质遭到污染

水库受到污染的因素较多，常见的如城镇生活污水、工业废水、农田排水、大气降落物质与种植方面施肥过重，这些因素都会导致水库水体中出现大量重金属元素、有机物、农药、化学物质等，进而引发水体中的鱼类等生物出现大范围的死亡，藻类大面积快速繁殖，从而导致水体价值逐步下滑，甚至影响水库的整体生态系统。此外，由于氮、磷、有机物的大量存在，导致水体呈现出富营养化问题，藻类大面积繁殖导致水质恶化更为凸显。

2. 生物丰富性降低

水库可以起到防洪涝灾害、供水与灌溉等作用，其修建会中断原有河流的连续性，进而改变生物生存环境，同时也导致河流中珍稀鱼类的生存通道受阻。在高坝水库的泄水中会导致坝下的河水产生气体饱和与水温状况的变化，对水体中的生物正常生长与繁殖产生干扰。水库所引发的动植物干扰是较为繁复的问题，会对库区已经淹没区域的动植物生长环境构成威胁与破坏，同时也会导致水库下游部分河段的动植物原有的生存环境发生剧烈变化，对于部分适应性较差的物种，在此过程中数量会极速削减，随后会对水库内的食物链稳定性带来影响，进而威胁整个群体的生存。

3. 生态平衡性被打破

在干旱时期，水库平均水位会处于较低水平，此时下游位置的湿地环境面积也会大幅度缩减，而区域内的植物则会开始沿着逆行演替的方向发展，从而改变了部分区域的生物结构。与此同时，湿地环境中生存的水生动植物也会出现数量减少的情况。若长期处于该状态，则会打破区域原有的生态平衡，使生态环境开始沿着恶性方向发展，进而影响整个区域的生态环境。

### (二) 水库生态环境的治理与保护的具体途径

1. 加大生态保护宣传力度

通过加大生态保护宣传力度，可以帮人们树立起良好的环保意识，约束自身的不合理行为，减少对于水库生态环境的破坏。现阶段，信息传播途径正在不断增多。在开展生态保护宣传工作时，可以借助传播途径的优势，借助官方网站、网络媒体、传统媒体等途径来进行生态环境保护知识的宣传工作。为了加深受众人群的印象，可以在其中穿插一些经典的案例，让受众人群认识到环境保护的重要性。并且在水库附近也需要做好植树造林工作，增加水库附近区域的绿化面积，降低水土流失情况的发生概率，保护好水库原有的水质环境。

2. 健全现有环境评测体系

通过健全现有环境评测体系，可以加快水库生态环境问题的发现速度，并制定措施对其进行处理，从而降低问题所带来的负面影响，提高区域生态环境的防治效果。在组建环境评测体系时，其基础性内容便是确定环境评测指标，虽然目前已经有比较统一的环境评测体系，但在环境不断变化的情况下，现有环境评测体系也表现出了不适应性，需要对体系进行优化，丰富环境评测指标，同时对于指标所对应的权重也需要做好分析工作，以此来提高环境评测体系本身的应用价值。另外，完善后的环境评测体系也需要保持不定期更新的状态，从而提高评测体系对于水库生态环境保护的适用性，以提升区域本身的防治水平。

3. 完善生态环境补偿机制

通过完善生态环境补偿机制，能够降低水库施工过程中所带来的负面影响，维持区域生态环境本身的稳定性。在水库修建的过程中，或多或少都会对区域生态环境带来影响，如边坡的修建、河道的封堵等，并且为了确保工程的顺利进行，还需要对区域路面进行临时修建，这也会对原有植被进行破坏，对原有生态环境产生影响。对此，在实际应用中，也需要对于区域环境做好补偿。在实际应用中，第一，尽量减少水库工程施工过程中所带来的破坏性，保持原区域的基本面貌。第二，预留出补偿资金在水库工程完成修建之后，及时对区域进行生态恢复，如种植绿植、设置防护网等，以此来避免水土流失情况的出现。

### （三）水库生态环境的治理与保护的具体方法

1. 生物缓冲带技术

在水库生态环境治理方法中，生物缓冲带技术属于治理效果持久性较强的方法，其作用原理是在区域内种植永久性植被，植被在水库区域内呈条带状分布，这样可以起到拦截外来污染物和其他有害物质的作用，进而起到保护水库水质的作用。在具体应用中，相关部门需要对种植植被的生态效应、经济效益、可观赏性、循环性进行客观分析，从而提升缓冲带布置的社会效益。结合以往的治理经验，一般会优先选择根系发达的高大树木作为缓冲带绿植，从而起到固土、拦截污染的作用。

2. 流域生态学技术

流域生态学技术是将水库所在的整个区域，作为一个基础性研究单元，随后利用等级嵌块动态理论对于水库环境中的各项参数演变规律进行分析，内容包括沿岸绿植变化情况、水体环境变化情况、地形起伏情况等，根据采集的数据信息对于待治理区域内，现有景观系统的功能价值、生物种类丰富度、生物种类特性等内容进行评价。以此来确定治理过程中的着重点，并以此为基础辐射其他治理环境，从而起到维持区域生态环境平衡性的作用。

3. 生态河堤技术

该技术从本质上来讲，属于传统人工湿地技术的进阶版，该技术的应用原理在于，根据水库区域原有生物生长环境、营造的生态效果、自然景观数量等内容进行规律分析，以此为基础，人为进行生态系统补充，从而构建具备较高仿真度的自然河堤，以此维持生态环境的稳定性。借助该技术处理过的水库区域，能够为生物多样化发展提供基础环境，并且水体自净能力也会在生物多样化的基础上得到提高，使整个区域进入良性循环。

4. 工程保护处理技术

与上述三种防治技术不同点在于，工程保护处理技术在对污染进行治理时，更多的是依靠人力干预。例如，在水库周围设置一些保护标识，提醒进入区域的人群养成良好的习惯，减少人为操作所带来的环境破坏。同时，还会定期对水库底部沉淀的污染物进行处理，以此来达到保护水库生态环境的作用。该处理技术一般适合于污染严重水库区域的前期治理，还会结合上述三类技术配合应用，从而提高区域污染的治理速度。

综上所述，加大生态保护宣传力度，不仅可以帮人们树立起良好的环保意识，健全现有环境评测体系，可以加快水库生态环境问题的发现速度，完善生态环境补偿机制，还能够降低水库施工过程中所带来的负面影响。给予水库生态环境常见问题制定相应的治理措施，不仅可以提高水库生态环境的治理效果，而且对于促进区域可持续发展有着积极的作用。

# 第九章　水库大坝测报与安全监测技术

## 第一节　水库水情自动测报与洪水预报技术

### 一、概述

水库水情信息是水库水文预报、水库调度、防洪决策的基础信息和主要依据。近年来，随着遥测技术、计算机及网络技术的发展，水情自动测报系统在大中型水库已基本建立，许多流域机构、防汛部门也在水情自动测报系统的基础上，建立了防汛指挥水情测报系统。

水情自动测报系统是利用遥测、通信、计算机及网络等技术，完成流域或测区水文、气象等要素的实时采集、传输、处理及水文预报，为水利水电工程运行调度服务的自动化系统。

水情自动测报与洪水预报系统的建设包括以下几个方面。

① 系统建设需求分析。

② 洪水预报方案的制定。

③ 水文遥测站网设计。

④ 数据通信组网设计。

⑤ 水情遥测设备配置。

⑥ 测报系统软件配置。

⑦ 供电与防雷设计。

⑧ 水情遥测系统土建设计。

⑨ 运行管理与维护。

### 二、系统建设需求分析

水情自动测报与预报系统应依据水利水电工程的任务进行建设，应以实现工程任务的需要为最终目标。

（一）任务与目标

综合利用的水利水电工程，需要实时掌握水情信息，还应进行入库洪水的预报，在有防洪任务时，还应进行防洪控制断面的洪水预报。洪水预报应根据工程任务需要提出明确的预见期要求，实施水库防洪和兴利调度的洪水预报方案精度目标应达到甲级。站网布设和测报项目确定时，应充分考虑预见期和方案精度的要求。在工程需要根据洪水预报信息进行洪水调度时，测报项目应满足洪水过程预报的要求，以确定场次洪水调度方案。

河道防洪工程应根据保护区及堤防工程自身安全，选择合理的测报项目和预报方案。

供水工程可从用户对水量、水质的要求，选择合理的测报项目和预报方案。

（二）系统建设的范围

系统建设的目标不同，所需要的系统建设范围也不同。对于中小流域的水库工程，尤其是上游无调蓄能力的水库，系统建设的范围一般为水库或下游防洪控制断面以上的全流域。当水库所在流域面积较大时，一般情况下，上游应以某一水文站或某一水库出库为控制断面，下游至水库坝址或防洪控制断面。灌区建设范围应以控制到干渠和支渠闸口为依据。

（三）测报项目

不同水利工程的水文遥测系统因其建设目标和任务的不同，所需采集的信息也不同。一般的测报项目有雨量、水位、蒸发、气温、流量、水质、闸门开度等。

（四）系统功能

水文遥测系统的主要功能有数据采集、传输、接收处理、告警、信息共享、水文预报、优化调度等。

## 三、水情遥测站网设计

（一）站网规划

水库水情遥测站传感器包括雨量计、水位计、流量计、气象传感器、水质传感器等。

合理布设水情遥测站网是建设高效、优质水情自动测报系统的第一步。水情遥测站的布设不仅关系到系统建设的规模和投资，而且还关系到洪水预报精度、防洪调度的科学合理性及系统的运行和维护。因此，站网布设应遵循科学合理、经济可行、管理维护方便的原则，使拟定的遥测站网密度恰当，分布合理，采集到的实时水情信息具有很好的代表性。水情遥测站网布设原则如下。

① 遥测站网布设应密切结合本流域的特性，反映流域暴雨洪水特性。遥测水文（水位）站应能满足工程运行调度所需要的水位流量等信息要求，遥测雨量站网应能正确反映各类型暴雨及暴雨中心的分布规律，能够求得足够精度的面平均雨量值。测站设置应考虑交通方便，便于通信组网、建设和运行维护，还应避开可能发生坍塌、滑坡和泥石流等不安全因素的区域。

② 遥测雨量站网布设应充分利用现有站网，包括国家和地区的水文站网以及已建成的水文遥测系统的遥测站网。遥测雨量站布设应具有合理性和代表性，一般情况下应均匀布站，但流域干支流、常见的暴雨中心或暴雨高值区以及不同高程均应布设监测站，所布设站网能够反映流域暴雨的空间分布特性。遥测雨量站布设应满足平均雨量计算的精度要求，同时应满足洪水预报方案精度要求。遥测雨量站数量与流域面积可按表 9-1 选择，偏远山区和湿润地区可取下限，测区面积大于 3000 $km^2$ 时，可按不低于 300 $km^2$ 一站的密度布设。

③ 水库工程应建设坝上水位站、出库水文（水位）站，坝上水位站应选择合适的位置，避开受水库放水、泄洪等波动影响的区域，出库水文（水位）站以控制全部出库水量为宜。对于综合利用的水库，因出口较多、不易集中控制时，可在各出口下游分别建站。

④ 配置河系洪水预报方案时，应根据预报方案要求，在流域上、下游逐河段设立遥测水文（水位）站。对于集水面积较大的流域，分区产、汇流预报方案中分区干、支流控制站可设遥测水文（水位）站。系统覆盖范围为部分流域时，上游入流控制断面应设遥测水文（水位）站。

⑤ 水利水电工程承担下游防洪任务时，可在防洪控制断面设立遥测水文（水位）站，灌溉和供水工程可在取水口断面及主要分水口门附近布设遥测水位站。

**表 9-1　雨量站数量与流域面积查算表**

| 面积 ($km^2$) | < 10 | 20 | 50 | 100 | 200 | 500 | 1000 | 1500 | 2000 | 2500 | 3000 |
|---|---|---|---|---|---|---|---|---|---|---|---|
| 雨量站数 | 2 | 2 ~ 3 | 3 ~ 4 | 4 ~ 5 | 5 ~ 7 | 7 ~ 9 | 8 ~ 12 | 9 ~ 13 | 10 ~ 14 | 11 ~ 15 | 12 ~ 16 |

### (二) 站网论证

站网论证是在站网规划的基础上，以定量分析方法确定站网数量，合理确定遥测站位置。

1. 以面雨量作为目标函数进行站网论证

主要是通过比较各站网布设方案平均误差来确定站网数量和分布。计算面平均雨量可用等值线法、泰森多边形法、算术平均法、两轴法等，计算中宜用暴雨等值线计算的面平均雨量作为近似真值，所选择的雨量样本应考虑不同的暴雨成因和量级的暴雨。

抽站法是利用较多雨量站资料，计算面平均雨量，然后用较少雨量，站资料(包括日雨量与时段雨量)重新计算面雨量，计算抽样误差，探讨布站密度与抽样误差之间的关系，求出满足精度要求的布站数量。

2. 以洪水预报精度作为目标函数进行站网论证

主要是通过比较各站网布设方案的洪水预报精度对站网布设数量、位置进行定量分析，一般以相对误差 20% 为标准。

以现有水文站作为预报断面，将流域分成若干子流域，对每一块再细分单元块，对每个子流域块利用降雨产流模型，根据历史水文资料，作降雨、蒸发、土壤含水量、水源分配和消退、单元河网单位线及河槽汇流等分析，率定各子流域有关参数，在达到一组调试最佳参数的条件下，分析计算与实测拟合成果，探讨遥测站点对暴雨控制的代表性。改变各子流域模型参数进行率定计算，组成多种站网方案，再分析其洪水过程拟合程度，从而求出满足精度要求的布站数量。

## 四、水文遥测系统基本组成及功能

### (一) 水文遥测系统基本需求

① 自动采集水位、降水数据，定时、适时地传输数据，最迟在 20 min 内要全部完成系统实时数据采集、处理和转发，本地水文数据可在遥测站存储。数据传输有主、备信道两种途径。

② 各项设备的选择要符合结构简单、可靠、低功耗的原则，所有遥测站都能在无人值守的条件下工作。

③ 能长期地，特别是在暴雨洪水等恶劣天气条件下可靠地工作。

④ 系统定时发送时钟同步信号，保持全系统时钟同步。

⑤ 数据超限告警及设备故障告警。

⑥ 系统具有可靠的防雷措施。

### （二）中心站设备配置及功能

1. 中心站主要功能

中心站以分布式多微机的局域网方式配置，一般系统采用客户机 / 服务器结构或浏览器 / 服务器结构。其主要功能如下。

① 中心站能随时接收或定时自动巡测或人工召测各遥测站的实时水情信息，并监测设备运行情况，巡测的时间间隔可在软件上任意设置。

② 对所接收的数据进行纠检错判别、合理性检查和实时处理，按规定格式存入数据库、自动备份原始数据，并能修改存储的数据，进行雨量、水位插补及人工置数转发；能进行分析、统计、计算、图表处理输出，满足水情值班需要的日报表、旬报表、月报表和根据防汛部门规定的其他报表。

③ 实时显示越限参数、设备状态及告警信息。

④ 能显示站网位置图，通信组网图，行政区域分割、流域水系等多图层选择，并在该图上显示各遥测站、各时期实时水情数据。

⑤ 能查询各站雨量柱状图、水位过程线图、流量过程线图。

⑥ 可将遥测水情信息编译成水情电文向上级传送。

⑦ 支持实时洪水预报、防汛会商和信息发布等。

2. 中心站主要设备与结构

中心站是数据的采集和处理中心。中心站硬件设备配置主要是通信接收设备、计算机设备和电源支持系统，通信接收设备包括天馈线、各种通信终端，如超短波电台、GSM 通信机、卫星小站等，计算机设备包括水情工作站、水情服务器、打印机等，电源支持系统包括电源避雷装置、交流隔离稳压、UPS 及后备蓄电池组等。

一般来说，一个中心站至少需要以下设备。

① 台式商用计算机或工业计算机作为实时监控计算机（水情工作站）。

② 所选择信道的通信终端一台或多台（双信道或多信道通信时）。

③ 中心电源避雷和供电维持设备各一套。

3. 水情工作站

水文遥测信息的接收和处理一般采用台式工作站，因需要长期无间断运行，故要求工作站性能优良，能够适应长期运行的需要。

4. 水文数据服务器

水文数据服务器主要是存储水文遥测数据，其可靠性和安全性要求较高，在系统中极为重要，它要求常年不间断地工作。因此，必须选择可靠性及稳定性高的产品。

5. 中心站电源设备

按电源接入的顺序，中心站的电源设备主要由电源避雷器、交流参数稳压器(或隔离变压器)、UPS、直流电稳压电源和后备蓄电池组等构成。

### (三) 遥测站设备组成及功能

遥测设备选型的原则是：具有系统所要求的各项功能，满足系统的技术指标；符合国家相关专业标准；选择设计定型的、经过长期应用考核证明是稳定可靠的产品；尽量选用低功耗的产品；有一定的安全保障措施，能防止一般的破坏，在无人值守和就近管理相结合的条件下，保证整个系统长期稳定运行；各项指标符合《水文自动测报系统技术规范》(GB/T 41368—2022) 的要求。

1. 遥测站主要功能

① 实时数据采集及传输：实时采集水文参数，并发送至中心站；当中心站查询遥测站的实时信息时，设备自动采集数据并发送出去；可用便携式计算机提取存储的数据，记录数据应能满足水文资料整编的要求。

② 自适应数据采集：当传感器数据在容限内变化时，按正常运行方式采集、传输数据；当水位或降雨强度达到加报标准时，可根据各遥测站报汛任务加报要求自动增加采集、发送次数。在终端站自报情况下，当主信道中断时，可自动切换到备用通信信道。

③ 具备超限报警功能和自检功能，设备定时自检，并将设备工作状态发送出去。

④ 遥测站应配置显示面板和键盘，以便人工置入非自动测量的水情参数，也可在传感器故障时人工置入水情电报进行传输。

⑤ 设备功耗低，采用蓄电池组和太阳能电池板组合供电方式可长期工作，在连续阴雨时仍能有效地工作。

⑥ 具有超时发送强迫掉电功能。

⑦ 应能在恶劣的天气环境和无人值守情况下正常运行，遥测终端（RTU）可靠性指标 MTBF 应大于 25000 h。

2. 水文遥测站的主要设备与结构

水文遥测站的设备基本包括遥测终端（RTU)、雨量传感器、水位传感器、人工置数检查器、无线调制解调器、通信机及其天馈线、太阳能电池板、蓄电池组等。

3. 水文遥测终端机的主要功能

① 降雨每发生 1 mm（或 0.5 mm）的增量，遥测终端即自动采集（计数）并将雨量累计值发送出去，同时应具有合理的雨量判断功能。

② 定时查询水位变化，当水位发生 1 cm 以上的变化时，遥测终端即自动采集

并将实时水位值发送出去，同时应具有水位变率判断功能。

③ 为防止水位波动太大造成遥测终端发射过于频繁，遥测水位具有限时发送功能，即在一次水位发送之后的一定时间间隔之内，即使水位变幅超过 1 cm 也不发送，只有超过一定时间间隔以后的水位变化，遥测终端才采集、发送，建议的时间间隔为 5 分钟。

④ 遥测站具有定时自报功能，当长时间（时间间隔可设置）没有参数变化时，遥测站将自动启动报数一次（参数可设置）。此功能应用于遥测站的平安报，方便系统诊断。

⑤ 完善的 WATCHDOG 功能，支持休眠唤醒工作方式，达到降低遥测站功耗的目的。

⑥ 具有站址设定、掉电数据保护、发送前导时间设定、存储转发、死机自动复位、超时发送强迫掉电、电源电压告警功能。

⑦ 一般应采用蓄电池和太阳能电池组合的供电方式，电池容量满足连续阴雨天气条件下供电电量的需要。

⑧ 具有多个外接串行端口，所有外部接口都有抗干扰隔离能力。

⑨ 具有实时时钟功能，每天定时接收分中心实时时钟广播，并自动进行时钟校准。

⑩ 具有数据人工置入和直观现场显示功能，以便在特殊情况下采用“人工置数”，可将人工测量参数（如流量、流速、蒸发量、含沙量等）通过人工置数方式发送给分中心。

⑪ 测站可设置参数：现场设置本站站号、起报水位、起报雨量、时钟等参数。同时显示水情参数、蓄电池当前容量、日期和时间等。

⑫ 能够设置数据传输体制，包括自报式、查询–应答式或混合式，能存储一年的原始水文数据，数据可以到遥测站用便携机读取，也可以通过 GPRS 信道或卫星信道远程读取，当数据溢出时将自动覆盖刷新数据。

⑬ 可接受中心站管理，可与中心站实现双向通信，支持远程诊断、远程设置、远程维护等。

⑭ 具有多信道通信接口，以适应不同通信方式的要求。

⑮ 具有主、备信道自动切换功能。

⑯ 可靠性:MTBF ＞ 25000 h；静态值守时功耗：＜ 20 mA(不含通信机和传感器)。

## 五、水文遥测系统运行管理

① 应配备包括通信、计算机及水文等方面专业人员在内的专职管理人员，负责

系统的运行管理和维护，以保证系统可靠运行。

② 加强技术培训，系统运行维护人员应能熟练掌握运行维护技术。

③ 系统运行管理工作主要包括以下内容。

A. 制定运行管理规章制度和操作规程。

B. 委托管理。遥测站、中继站应委托专人看管，防止遭受人为破坏。

C. 值班操作。系统运行应定人定岗，按照操作守则进行值班操作；值班人员应监视系统的工作状况；发现问题应尽快采取措施予以解决。

D. 日常维护。应保持机房和环境的整洁；清理积在雨量器承雨器中的杂物以及水位测井进水口的水草、淤沙；维护系统的工作环境；定期校核水位、雨量等数据准确度。

E. 定期检查。通常应在汛前、汛后对系统进行两次全面的检查维护。在系统投入运行的前 2 ~ 3 年要适当增加定期检查次数。应对遥测站、中继站设备的运行状态进行定期全面检查和测试，发现和排除故障，更换存在问题的零部件。

F. 不定期检查。应根据具体情况进行不定期检查，包括专项检查和检修及全面检查。

G. 维修。野外站一旦出现故障，通常应由中心站派人排除。中心站应储备必要的备件和配备专用车船，尽快更换部件、排除故障。完成修理任务后，应把故障部位和性质、更换部件和排除故障所用时间等记入技术档案。

④ 落实运行维护资金。系统每年的运行维护费用，可按系统总投资的 5% 左右估算。

## 六、洪水预报

洪水预报是直接为国民经济建设服务的重要基础性工作，能使人类及时地发出洪水灾害预警、为减少洪灾损失争取时间，也有助于更好地控制和利用洪水资源，是重要的防洪减灾非工程措施。我国是深受洪涝灾害威胁的国家，洪水预报是水文工作的重要组成部分，在以往的几十年里既取得了迅速发展，也积累了丰富经验。特别是随着计算机网络、遥感卫星、地理信息系统等现代信息技术，在水文预报中的推广应用以及水文预报理论和方法的不断创新，我国洪水预报技术不断取得新的成果，预报精度也日益提高。

洪水预报常以降水作为输入条件，通过水文模型模拟汇流过程，最终得到洪水过程。因此，降水预报和洪水预报是息息相关的。近些年，雷达测雨应用、移动通信卫星遥感技术、多源降雨信息融合、数字高程模型、分布式水文模型、陆气耦合和基于专家经验的人机交互模式等成为我国洪水预报技术的研究趋势与研究热点，但很多方面还需更进一步的研究。

（一）洪水预报进展

1. 水雨情自动测报系统

水雨情测报是一种专门技术，它使用现代科技进行水文信息的实时远程测量、传输和处理，是有效解决流域、水库等洪水预报、防洪调度和洪水资源能够合理利用的先进手段，它集合了水文学、电子学、电信、传感器和计算机领域的研究成果，应用于水文测量和计算。在提高了水情测报速度和洪水预报精度的同时，也改变了传统的仅靠人工测量数据的落后状况，扩大了水情监测和报告的范围，对流域、水库安全度汛起着重要作用。随着社会、经济等的不断发展，对水雨情信息精准度的相关要求也随之提高，与水利信息化建设相关的监测项目也日益增多。因此，监测技术和监测手段都面临着更高的要求，现代科技的快速发展对水雨情自动测报技术的发展起着积极的作用。水雨情自动测报系统主要由遥测站点、信道和中心站组成。其中，遥测站点主要是指前端监测感知设备，中心站主要具备对遥测站点发送过来的水雨情数据进行处理的能力。信道的选择中，常用的通信方式分别包括 GPRS（General Packet Radio Service）通信技术、卫星通信技术、无线传感器网络技术和物联网技术。

2. 降水预报模型

降水是洪水预报中的关键因子之一。直接采用水文站（或雨量站）观测降水和雷达测雨资料进行预报，是短期洪水预报最常见的方法，而对于中期预报，能够延长洪水预报预见期的关键因素之一在于应用预见期内的降水预报。数值天气预报（Numerical Weather Prediction，NWP）是目前降水预报方法中对中期（15 d 内）定量降水预报的主要依据，近年来数值天气预报水平逐渐提高，为预报延长中期洪水的预见期以及实现洪水早期预警提供了有利条件。在洪水预报中，直接使用“单一”模式的预报结果，仅追求提高模式分辨率，期望以此改善对暴雨等强对流天气的预报能力，可能会将数值天气预报在洪水预报领域的应用引入一个误区，导致洪水预报结果存在较大的偏差①。

近年来，集合数值天气预报技术的发展在降水预报、洪水预报以及早期预警方面有了更多应用可能。国外学者考虑到集合预报系统（Ensemble Prediction System，EPS）能够很好地处理模型的不确定性、边界条件的变化以及数据同化，他们已经尝试在洪水预报、早期预警和洪灾风险评估时将集合预报与水文模型、水力学模型耦合应用。例如，欧洲中期天气预报中心（European，Centre for Medium-range，Weather Forecasts,

① 包红军，赵琳娜．基于集合预报的淮河流域洪水预报研究 [J]. 水利学报，2012，43(2)：216–224.

ECMWF）的集合预报与LIST FLOOD耦合、多集合预报模式、基于集合预报的全球洪水感知系统GFWS（Global Flood Warning System）、FFGS（Flash Flood Guidance System）与美国的AHPS（Advanced Hydrological Prediction Service）。我国在这方面的研究起步相对较晚，近些年，包红军等[①]以淮河流域为研究对象，建立了淮河流域TIGGE（THORPEX Interactive Grand Global Ensemble）—水文—水力学相耦合的洪水集合预报模型，并分析了该模型在洪水预报中应用的可能性。彭涛等[②]以湖北省漳河流域2008年汛期典型洪水过程为例，将AREM（Advanced Regional Eta Model）模式集合降水预报结果输入新安江水文模型进行预报试验。董兆俊等[③]以淮河王家坝以上流域为例，对王家坝站2007年的水位采用数值集合预报产品与神经网络耦合的模型进行了预测研究，数值集合预报与神经网络耦合的预测模型在2007年的洪水回报实验中取得了较高的精度。叶金印等[④]以淮河蒋家河以上流域为研究对象，采用集合降水预报产品（预见期为0～240 h）驱动洪水预报模型进行模拟预报，ECMWF集合降水预报能够明显提高洪水预报精度，模拟结果能够刻画洪水流量过程线的不确定范围，并能提前24 h及时预警。汤欣钢[⑤]以漳河流域为例检验分析中央气象台天气降水预报在该区域的准确性及经验频率，应用中央气象台24 h短期降雨预报时应当随雨量级别适时地进行优化调整。叶子国等[⑥]以古田溪流域为例，开展了GFS（Global Forecasting System）降水预报在该区域的适用性研究，结合GFS降雨预报的洪水预报精度和预见期较未结合的降雨预报在精度方面有较大的提升。徐冬梅等[⑦]以洪安涧河流域为例，对TIGGE提供的ECMWF和UKMO（United Kingdom Meteorological Office）两个预报中心控制预报及集合平均预报降雨信息进行了评估，采用TS、BS评分，降雨的集合平均预报比控制预报的效果好，ECMWF和UKMO对无雨的降雨预报在研究流域有较高的精度，且应

① 包红军，王莉莉，沈学顺．气象水文耦合的洪水预报研究进展[J].气象，2016，42(9)：1045-1057.

② 彭涛，殷志远，王俊超．降水集合预报产品在汛期洪水预报中的应用试验[C]// 中国气象学会．第28届中国气象学会年会——S3天气预报灾害天气研究与预报．北京：中国气象学会，2011：1044-1050.

③ 董兆俊，王彦磊，关吉平．数值集合预报与神经网络耦合的淮河流域水文预报研究[C]// 中国气象学会．S12水文气象、地质灾害气象预报与服务．北京：中国气象学会，2012：30-36.

④ 叶金印，顾玮琪，李巧玲．ECMWF集合预报在淮河蒋家集流域的应用[J].河海大学学报（自然科学版），2016，44(6)：471-476.

⑤ 汤欣钢，魏凌芳．中央气象台24h降雨预报在漳河流域的检验分析[J].海河水利，2018(3)：37-39，44.

⑥ 叶子国，李春红，王蕊．GFS降雨预报在古田流域洪水预报中的可用性研究[J].华电技术，2018，40(8)：1-4，77.

⑦ 徐冬梅，李嘉晨，张小丽．基于TIGGE资料的降雨预报评估：以洪安涧河流域为例[J].华北水利水电大学学报（自然科学版），2019，40(2)：22-29.

当优选 ECMWF 的集合降雨预报。研究表明，集合预报首先提供一个比单一的预报更为准确的预报结果，其次可以给预报员提供一个可靠性的预报估计，最后也可以为概率预报提供定量基础。集合数值预报产品运用到降水预报能获取更多的水文预报信息，丰富水文模型输入信息，将单一的确定性预报结果转化为可能发生范围的预报，将确定的精确预报转化为可能的概率预报，能更好地适应防洪减灾工作中对风险信息的需求。如今，集合数值预报得到广泛的应用，已经从全球中期集合预报发展到了有限区域、有限时间内的短期天气预测方面，同时在中小尺度极端天气预报等方面也开展了相应的应用研究。

3. 洪水预报水文模型

从 1950 年起，水文模型开始快速发展，国内外相继提出了 Sacramento、Tank、新安江、HBVM（Hydrologiska Byrans Vattenba-lans Model）、HEC-HMS、SHE（System Hydrologic of European）、TOPMODEL GBHM（Geomorphology-Based Hydrological Model）、VIC（Variable Infiltration Capacity）、二元水循环、流溪河模型等一系列集总式和分布式水文模型，以及多种模型参数优化方法，洪水预报也随之发展。人工智能的发展为黑箱水文模型的发展注入了动力，GIS（Geographic Information System）和 RS（Remote Sensing）技术的发展和成熟，也为机理模型中的分布式水文模型的发展提供了技术支撑。

（1）人工智能经验模型

在人工智能经验模型方面，随着计算机技术的快速发展，采用人工智能算法的经验模型被广泛使用并加以改进。李鸿雁等①利用人工神经网络模型对小浪底—花园口区间洪水智能预报方法的可行性和可靠性进行了检验，采用遗传算法优化网络初始权重和引入峰值修正系数的改进 BP（Back Propaga-ion）算法进行洪水预报，其模型算法可靠。刘冬英②将自适应 BP 模型引入，建立了考虑区间入流的长江中下游螺山—汉口河段河道洪水预报 BP 神经网络模型。该模型在区间入流对汉口站洪水过程的影响方面有较高的灵敏度。阚光远等③在屯溪流域洪水预报中提出通过独特的建模方式将 ANN（Artificial Neural Network）与 KNN（K-Nearest Neighbor）最相邻方法相耦合，利用多目标遗传算法和 Levenberg-Marquardt 算法进行训练的耦合

① 李鸿雁，刘晓伟，李世明 . 小浪底—花园口区间洪水智能预报方法研究 [J]. 人民黄河，2005(1)：23-25，41.

② 刘冬英 . 人工神经网络模型在长江中下游河道洪水预报中的应用研究 [D]. 武汉：武汉大学，2005.

③ 阚光远，洪阳，梁珂 . 基于耦合机器学习模型的洪水预报研究 [J]. 中国农村水利水电，2018(10)：165-169，176.

机器学习模型，其模型的精度和可靠性较好。丁海蛟[①]以四川省自贡市富顺县（马家林—红旗岭河段）某水文站的水位和流量数据作为样本进行分析，比较了最小二乘法（Least Squares，LS）、支持向量机（Support Vector Machines，SVM）、BP 神经网络和最小二乘支持向量机（Least Squares Support Vector Machines，LS-SVM）四种算法，得出了最小二乘支持向量机（LS-SVM）预测能力最好的结论。LSTM(Long-Short Term Memory）模型在近年得到关注，徐源浩等[②]以长短时记忆神经网络（LSTM）为基础建立了汾河流域静乐站以上暴雨洪水模型，其预报精度与神经元数量和训练次数呈正相关。崔巍等[③]使用 BP 和 LSTM 神经网络分别构建了福建木兰溪支流延寿溪小流域的降雨径流预报模型，进行了预见期为 1 ~ 24 h 的逐时流量滚动预报，并对比了两个模型的预报精度，LSTM 模型整体预报效果比 BP 模型更具优势。通过以上研究可以发现，人工智能模型大多为基于对历史资料的学习进行未来的洪水预报，且在有水文监测资料的地区应用效果很好。人工智能模型为解决洪水预报问题提供了一种新的思路，随着机器学习等人工智能的广泛应用，将推动着当前的洪水数值预报向模拟人类智能转变。

（2）物理机理模型

在物理机理模型方面，采用以物理汇流技术为基础的分布式模型能够对水文过程进行描述，有充分的物理机制基础，其受到了广泛关注和研究。赵士鹏[④]基于 Easy DHM 水文模型，建立了密云水库流域分布式水文模型，Easy DHM 水文模型在密云水库流域具有较好的适用性，能够较准确地预报未来洪水过程。黄家宝等[⑤]采用流溪河模型构建乐昌峡水库洪水预报模型，通过粒子群（Particle Swarm Optimization，PSO）算法优化模型参数，并对实测洪水过程进行了模拟，模型参数优化可明显提高洪水模拟精度。王义德[⑥]选用新安江模型、API（Applica-tion Programming Interface）模型和双超模型对浑河流域南口前小流域进行洪水模拟，并利用 SCE-UA（Shuffle Complex Evolution）算法对流域水文模型参数进行优化，新安江模型、API 模型模拟精度高，且新安江模型比 API 模型在模拟精度方面更占优势，双超模型在

① 丁海蛟 . 基于 LS-SVM 的河道洪水预报研究 [D]. 昆明：昆明理工大学，2016.
② 徐源浩，邬强，李常青 . 基于长短时记忆（LSTM）神经网络的黄河中游洪水过程模拟及预报 [J]. 北京师范大学学报（自然科学版），2020，56(3)：387-393.
③ 崔巍，顾冉浩，陈奔月 .BP 与 LSTM 神经网络在福建小流域水文预报中的应用对比 [J]. 人民珠江，2020，41(2)：74-84.
④ 赵士鹏 . 密云水库流域分布式洪水预报问题研究 [D]. 天津：天津大学，2014.
⑤ 黄家宝，董礼明，陈洋波 . 基于流溪河模型的乐昌峡水库入库洪水预报模型研究 [J]. 水利水电技术，2017，48(4)：1-7，12.
⑥ 王义德 . 基于洪水预报精度评价的南口前小流域不同水文预报模型适应性研究 [D]. 武汉：华中科技大学，2019.

研究流域短期洪水预报时不宜使用。

目前，针对洪水预报的水文模型研究虽然已经取得了长足的进展，但在某些方面依然存在不足。例如，分布式水文模型在流域洪水预报的研究中的应用案例还比较少见，为了分布式水文模型在流域洪水预报中能够充分应用，还需要广大的水文工作者在现有工作的基础上开展分布式水文模型在洪水预报中的适应性研究，并不断地积累经验。流域水文模型存在的诸如非线性、尺度效应、异参同效和不确定性问题依然存在。这就需要从水文模型产汇流过程物理机制入手，从根本上提高模型的模拟效果。模型参数率定依然存在困难，参数区域化研究亟须加强。

4. 陆气耦合水文模型

有效延长洪水预见期和提高预报精度是洪水预报技术需要解决的核心内容，现有的水文模型以实测降雨量为输入信息的方法基本无法有效实现延长流域径流预报预见期的目标。根据初始背景场和数学物理方程的边界条件，使用高分辨率中尺度数值天气模型来计算未来一段时间内诸如降雨、温度等气象因素的时空变化，并将其作为未来水文模型流域今后一段时间内径流变化过程的驱动因素，可以有效地延长径流预报预见期。因此，自 20 世纪 90 年代以来，陆气耦合技术成为洪水预报领域国内外许多专家学者的研究重点和热点。目前，陆气耦合研究多为单向耦合或部分耦合，并在双向耦合研究方面也取得了一定的进展。

(1) 单向陆气耦合

我国在采用陆气耦合技术洪水预报起步较晚，但发展迅速，不仅取得了良好的理论研究成果，而且对相关工程应用进行了深入研究，并形成了较好的陆气耦合洪水预报系统框架。单向耦合多采用高分辨率数值天气预报模式耦合水文模型的方法，用于改善实时径流模拟和预见期。陆桂华等[①]利用区域数值天气预报模型 MC2 驱动新安江水文模型，研究了陆气耦合模型在实时暴雨洪水预报中的应用，陆气耦合模型有效地延长了洪水预报的预见期。郭生练等[②]构建了汉江流域 MM5 气象预报模式和 VIC 分布式水文模型，并将人工降水预报与 VIC 分布式水文模型、MM5 模式与 VIC 模型实现耦合，开发了气象模式下的汉江流域洪水预报应用集成系统。高冰等[③]在三峡水库入库洪水预报中基于新一代中尺度数值天气预报模式 WRF 驱动分布式水文模型 GBHM，构建了 WRF/GBHM 单向陆气耦合模型，洪水预报精度较为准

---

① 陆桂华，吴志勇 . 陆气耦合模型在实时暴雨洪水预报中的应用 [J]. 水科学进展，2006 (6)：847–852.

② 郭生练，张俊，郭靖 . 基于气象模式的汉江流域洪水预报系统 [J]. 水利水电科技进展，2009，29(3)：1–5

③ 高冰，杨大文，谷湘潜 . 基于数值天气模式和分布式水文模型的三峡入库洪水预报研究 [J]. 水力发电学报，2012，31(1)：20–26.

确并且能够大大地延长洪水预报的预见期。吴娟等[①]在国家洪水预报系统（National Flood Forecast-ing System，NFFS）中集合了 MC2、GEM 和 T213 共三种数值天气预报模式，并以此为驱动进行气象、水文耦合预报，进行了基于多模式降水集成的陆气耦合洪水预报研究，该技术可以有效地改善单模式数值天气预报的不确定性。彭艳等[②]以三峡库区为研究区域，利用数值天气预报 WRF 模式驱动 VIC 水文模型，建立了陆气耦合洪水预报模型，开发了三峡水库入库洪水陆气耦合洪水预报系统。于鑫等[③]通过 WRF 模型和 HEC-HMS 水文模型对太湖西苕溪流域进行了降雨模拟和流量耦合预报，并与实测降雨和径流过程进行了比较。在不考虑预见期降水量的条件下，精度明显优于传统的预报方法，并能延长预见期。

(2) 双向陆气耦合

在双向陆气耦合中，水文模式和大气模式共用一个陆面过程机制，水文模式对大气模式存在反馈，影响大气模式的模拟结果，能够避免大气模式不能借鉴水文模拟结果和实测径流资料，实时验证和修改其对陆面过程模拟的精度。在双向陆气耦合方面，国内外的部分学者均进行了一些有益的探索。

殷志远等[④]以湖北省荆门市漳河水库空间分辨率为 90 m × 90 m 的数字高程（Digital Elevation Model，DEM）地形数据为基础，将华中区域数值天气预报业务模式 WRF 提供的三重嵌套空间分辨率 3 km × 3 km、9 km × 9 km 和 27 km × 27 km 预报降雨与集总式新安江模型，以及半分布式水文模型 TOPMODEL 耦合进行洪水预报试验，集总式的新安江模型预报洪峰流量和出峰时间的效果在时空分布均匀时预报精度高；反之，则预报精度低。田济扬等[⑤]基于数值大气模式 WRF、三维变分数据同化 WRF-3DVar、河北雨洪模型以及实时校正模型 ARMA，在大清河流域构建了陆气耦合洪水预报系统，进行雷达反射率与 GTS（Global Technolo-gy Solutions）数据的同时，同化可以有效改善数值大气模式对中小尺度流域降雨预报的影响，从而减少洪水预报系统的误差，应用 ARMA 模型可以进一步提高洪水预报的精度。孙明坤等用全球陆面数据同化系统与降雨观测数据来驱动 WRF-Hydro 模型，与新安江

① 吴娟，陆桂华，吴志勇 . 基于多模式降水集成的陆气耦合洪水预报 [J]. 水文，2012，32(5)：1–6.

② 彭艳，周建中，贾梦 . 三峡库区陆气耦合研究及应用 [J]. 水文，2014，34 (3)：11–16，65.

③ 于鑫，金建平，蒯志敏 . 气象水文模型耦合研究及在西苕溪流域的模拟试验 [J]. 热带气象学报，2014，30(6)：1159–1171.

④ 殷志远，王志斌，李俊 . WRF 模式与 Topmodel 模型在洪水预报中的耦合预报试验研究 [J]. 气象学报，2017，75(4)：672–684.

⑤ 田济扬，刘佳，严登华 . 双校正模式下的大清河流域陆气耦合洪水预报研究 [J]. 水文，2019，39(3)：1–7，57.

模型进行比较认为，WRF-Hydro 模型善于洪水细节，可以很好地模拟洪水起涨时刻。综上，双向陆气耦合模型能够提高洪水预报精度和有效延长洪水的预见期，陆气耦合模型在洪水预报中有良好的应用前景。

陆气耦合模型得益于陆面水文过程的改进和大尺度水文模型的发展，并且陆气耦合预报技术正从考虑气候—水文反馈单耦合模式向气候—水文双向反馈耦合发展，但在陆气双向耦合过程中的匹配性和系统稳定性，如何进行有效的尺度转换、完善参数化方案、参数移植方法和参数不确定性，提高模型适用性以及高分辨率，甚至超分辨率模拟等方面仍然是亟须解决的问题。

### （二）未来洪水预报展望

1. 水雨情自动测报系统

5G 技术的发展势必开启万物互联的时代，将 5G 技术运用到水雨情自动测报关键技术中，实现水雨情感知要素的准确及时采集与实时高效传输，是全面提升水雨情信息化水平的基础。将传感器、无人机、电子遥感、工控设备监控等先进的物联网技术，运用到水雨情信息采集和传输中，利用物联网技术的实时性和先进性，推进水利信息化建设，以带动水利现代化，并实现水利信息化融入国家大数据战略是发展趋势。水情感知手段从目前以地面站点观测为主发展为结合卫星遥感、视频监控、智能识别、大数据分析等新技术新手段建成自动化、无人化、立体化、一体化的监测体系，实现水雨情信息多源融合与综合判断，以及监测精度与洪水预报精度的大幅提高，建设高速泛化、天地一体、集成互联、安全高效的水雨情信息监测体系，增强数据感知、传输、存储和运算能力是水雨情监测未来发展的方向。

2. 降水预报模型

目前，全球区域数值天气预报模型已经可以提供较为准确的定量降水预报，但对洪水预报定时、定点、定量降水预报的要求，以及降水预报的时间段、雨带位置及量级，这些微小的偏差可能造成完全不同的洪水响应效果。随着数值天气预报技术的不断发展，尤其是集合预报技术，利用集合预报来降低降水预报的不确定性影响是使降水预报精度提高的重要方法。多模式集合预报降水是预测降水量的主要手段与重要依据，由于世界上各地区环境、气候等的差异性，数值预报模式在不同地区的适用性也不一样，其预报效果也不尽相同。为了寻求多模式融合条件下不同降水预报产品合适的权重系数，使定量降水预报有足够的精度，目前水文气象工作者都在共同进行研究。

另外，现有条件下的集合预报主要以全球模式为基础，其在整体大尺度系统的预报能力较为准确，但在局部中小尺度系统的预报能力依然不足。如何结合精细化中尺度模式捕捉中小尺度天气系统的能力与集合预报技术，形成高分辨率的区域中尺度集合预报模式，在既考虑预报的不确定性、提升局部地区强降水预报精度的同时，又能提高模式分辨率，这是提升降水预报在洪水预报中有效应用程度的另一个重要途径。

3. 洪水预报水文模型

目前，针对洪水预报的水文模型，分布式水文模型总体效果比集总式模型有优势。大部分流域的洪水预报，采用以物理汇流技术为基础的分布式水文模型并耦合概念性降雨—径流模型构建的新模型，其应用效果更好。但分布式水文模型在数据的耦合与输入、参数的率定、研究尺度扩充的问题上依然存在难题，如何解决数值天气预报模式和陆面水文模型之间的尺度匹配问题，将是今后进行大气数值天气预报模式和水文模型耦合建模的一个重要研究问题。以现在的技术发展及迭代更新速度，通过遥感系统自动获取数据并与分布式水文模型相耦合，构建遥感—分布式水文模型系统也是目前的研究热点及未来的趋势。

另外，大型河流洪水预报技术基本成熟，未来应进一步研发适用于中小河流的洪水预报模型，在中小河流暴雨洪水演变特征和形成机制、精细化河流洪水模拟、缺资料流域水文模型参数确定方法、河流洪水预报实时校正技术等方面应开展更加深入的研究，以提高中小河流洪水预报精度。此外，人类活动已经成为对河流变化影响的关键活跃因素，流域上已有的洪水预报模型或预报方案可能已经不再适用于现在的新环境与新变化，因此，未来洪水预报必须将人类活动对洪水过程的复杂影响和作用考虑其中。

4. 陆气耦合水文模型

陆面水文模型建模是实现陆气耦合技术的关键与难点之一，在时空尺度的选择上，既要考虑实测资料的时空特性，又要兼顾数值天气预报模式的尺度要求。目前，WRF-Hydo 模型是 WRF 模型的扩展模块，特点是可以为多尺度陆气耦合提供高效率的运行平台。作为更先进的陆气耦合分布式水文模型系统，其应用潜力在水文模拟、洪水预报和水资源评估等方面能够得到充分的展现，同时也为水文气象研究提供了新的思路。

目前，研究中大多采用的是陆气单向耦合方式，未来计算机技术发展，计算资源充分、效率大幅提高以及研究区域数据充分的情况下，双向耦合方式将会成为研究热点，充分揭示大气模式与陆面模式之间降雨、温度和蒸发等多种通量之间联系及循环机理，进一步提高模拟效果，提升预报精度。在时空尺度上如何利用四维同化技术为模式耦合提供高分辨率的、物理一致和时空一致的反馈变量是当前的研究热点，在网格分布非均匀问题上如何建立二维甚至三维以及有通用性的水文参数化方案是实现耦合的重要问题。另外，构建基于多模式降水集成的陆气耦合系统，同时加强天气雷达、卫星遥感、地面雨量等估测或实测数据之间的同化研究，使之更好地融合，也是今后一段时期提高降水预报精度和稳定性的重要研究方向。

## 第二节　水库大坝边坡安全监测技术

### 一、水库大坝边坡监测基本要求

#### （一）监测的类型

采用仪器对水库大坝边坡进行监测，按监测物理量类型可分为两大类：一为环境量，是边坡滑坡的影响因素。二为效应量，如边坡变形、边坡内部渗流、应力应变数据，是边坡滑坡的相应变化信息。边坡的环境量主要包括降雨、径流、水位等，效应量主要按照监测项目划分，常规监测主要分为环境检测、变形监测、渗流监测、应力应变监测等。此外，对边坡工程还有专项监测，如变形控制网监测、地应力监测、水质监测、振动爆破监测等。

1. 环境量监测

降雨、径流、水位（江河水位）是对水库大坝边坡作用的外在因素。降雨量是引起边坡水位上升的主要原因，同时，降雨历时、降雨强度等对边坡材料的弱化及受力平衡有重要影响。因此，降雨、径流及水位等是不可忽视的因素，应建立有效的监测手段。为了解水库大坝边坡上下游水位、雨量等环境量的变化，分析其对边坡变形、渗流等工程形态的影响，需要进行水库大坝的环境量监测，环境量监测包括上下游水位、降雨量等。

① 上下游水位观测。应根据水文观测的有关规范和观测手册在水库大坝上下游选择合适的观测点。水位观测最直观的测读装置是水尺。此外，遥测水位计，包括浮子式、传感器式都能应用于江河、湖泊、水库等的水位测量。

② 降雨量观测。应根据水雨情观测的有关规范和观测手册在坝址区设雨量站，按规定进行观测。降雨量的测量包括用雨量器直接测定以及用天气雷达、卫星云图估算降水的间接方法。径流观测可采用水面线观测方法，通过水位高度计算流量，也可采用流速观测方法，结合断面尺寸获得流量数据。通常在缺少降雨径流观测设施的情况下，可以参照当地水文站点获取相关数据。

2. 变形监测

① 表面变形。为了解水库大坝边坡在运行过程中是否稳定和安全，应对其进行

变形监测，以掌握它的变形规律，进而分析其是否存在裂缝、滑坡、滑动和倾覆等异常变化趋势。表面变形包括竖向位移和水平位移。

② 内部变形。内部变形包括竖向位移和分层水平位移。

③ 坝基变形。为了解大坝在自重和水压力作用下的变形情况，需对坝基进行变形监测。

④ 裂缝及接缝。水工建筑物在设计和施工中均留有一些接缝，如混凝土面板的接缝和周边缝等。

⑤ 混凝土面板变形。对于边坡上覆盖有混凝土面板的边坡，需进行变形观测，混凝土面板的变形观测包括面板的表面位移、挠度、接缝和裂缝等。

⑥ 岸坡位移。对于危及大坝、输泄水建筑物及附属设施安全运行的库岸滑坡体应进行观测，以监视其发展趋势，必要时采取处理措施。岸坡位移观测主要包括表面位移、裂缝及深层位移等。

3. 渗流监测

渗流监测是指对在上下游水位差作用下产生的水库大坝边坡内部渗流场的监测，还有渗流压力、渗流信监测。渗流监测主要包括边坡渗流、基础渗流、库岸绕渗和坝后渗流量监测等。

4. 应力应变监测

应力应变监测包括锚杆应力、锚固力、钢筋应力、混凝土应力应变、界面压力监测等。对边坡治理中采用的预应力锚杆（索），应布置锚杆（索）测力计监测。在边坡治理中采用了抗滑桩、抗剪洞塞与锚固洞、挡土墙等加固措施时，应对加固效果进行相应的钢筋应力、混凝土应力应变、界面压力监测。

### （二）监测断面要求

通常根据监测需求进行监测设计，在需要监测的边坡不同部位，预先埋设或安装监测仪器和监测设施，按照规定的监测频次进行量测，获取反映大坝边坡及临近结构运行性态变化的监测数据。监测仪器及设施应重点布置在边坡地质条件或结构形式相对薄弱的部位、对边坡安全分析具有代表性的部位或存在加固措施的工程断面，能够反映边坡变形动态和加固结构的受力特点，且将表面和内部监测相结合，构成立体监测系统。监测断面宜与勘探剖面相结合，根据规范要求，1 级边坡应结合规模和地质条件布置监测断面，2 级、3 级边坡不应少于 1 个监测断面，宜与潜在滑动面的滑移方向或地下水渗流方向综合考虑。断面通常分为关键部位或断面、重要部位或断面、一般部位或断面。

### （三）监测频次要求

边坡及滑坡的安全监测频次可参考土石坝监测频次，根据监测类别及不同时期的要求设定，同时应按照工程实际运行情况进行增减，在水位骤变情况下应当加密观测。边坡及滑坡安全监测频次见表 9-2。

**表 9–2　边坡及滑坡安全监测频次**

<table>
<tr><th>监测类别</th><th colspan="2">监测项目</th><th>施工期</th><th>初期运行期</th><th>运行期</th></tr>
<tr><td rowspan="6">变形监测</td><td rowspan="2">表面位移</td><td>边坡及滑坡</td><td>1 次 / 月</td><td>2 次 / 周</td><td>1 次 / 月</td></tr>
<tr><td>岸坡</td><td>1 次 / 月</td><td>1 次 / 周</td><td>1 次 / 季</td></tr>
<tr><td rowspan="2">内部位移</td><td>边坡及滑坡</td><td>1 次 / 月</td><td>2 次 / 周</td><td>1 次 / 季</td></tr>
<tr><td>岸坡</td><td>1 次 / 月</td><td>2 次 / 周</td><td>1 次 / 季</td></tr>
<tr><td colspan="2">倾斜</td><td>1 次 / 月</td><td>2 次 / 周</td><td>1 次 / 月</td></tr>
<tr><td colspan="2">裂缝开合度</td><td>1 次 / 周</td><td>2 次 / 周</td><td>1 次 / 月</td></tr>
<tr><td rowspan="3">渗流监测</td><td colspan="2">地下水位</td><td>1 次 / 月</td><td>1 次 / 周</td><td>1 次 / 季</td></tr>
<tr><td colspan="2">渗透压力</td><td>1 次 / 周</td><td>1 次 / 天</td><td>2 次 / 月</td></tr>
<tr><td colspan="2">渗流量</td><td>1 次 / 周</td><td>1 次 / 天</td><td>2 次 / 月</td></tr>
<tr><td rowspan="4">应力应变监测</td><td colspan="2">锚杆应力</td><td>1 次 / 月</td><td>1 次 / 周</td><td>1 次 / 季</td></tr>
<tr><td colspan="2">锚索预应力</td><td>1 次 / 月</td><td>1 次 / 周</td><td>1 次 / 季</td></tr>
<tr><td colspan="2">抗滑措施应力应变</td><td>1 次 / 月</td><td>1 次 / 周</td><td>1 次 / 季</td></tr>
<tr><td colspan="2">抗滑桩界面压力</td><td>1 次 / 月</td><td>1 次 / 周</td><td>1 次 / 季</td></tr>
</table>

## 二、环境量监测

降雨的空间分布具有显著的地域性，降雨量虽与高程具有一定的相关性，但不同的地区高程与降雨量的关系不同，而且影响降雨的因素并不是单一的，大气环流、水汽含量、山脉、气温、太阳辐射、地形的陡缓等对降雨量的影响也很大。

### （一）降雨量监测

1. 一般观测点布置

降雨量观测场地面积一般应不小于 4 m × 4 m，应避开强风区，其周围应空旷、平坦，不受突变地形、树木和建筑物以及烟尘的影响，使在该场地上观测的降雨量能代表水平地面上的水深。

在山区，观测场不宜设在陡坡上或峡谷内，要选择相对平坦的场地，使仪器器口至山顶的仰角不大于 30° 。难以找到符合上述要求的观测场时，条件可酌情放宽，即障碍物与观测仪器的距离不得少于障碍物与仪器器口高差的2倍，且应力求在比较开阔和风力较弱的地点设置观测场或设立杆式雨量器（计）。如在有障碍物处设立杆式雨量器（计），应将仪器设置在当地雨期常年盛行风向过障碍物的侧风区，杆位离开障碍物边缘的距离至少为障碍物高度的1.5倍。在多风的高山、出山口、近海岸地区的雨量站，不宜设置杆式雨量器（计）。

2. 不同高程观测点布置

山洪易发区降雨量与高程有一定的相关性，不同地区高程与降雨量的关系不同，而且大气环流、水汽含量、山脉、气温、太阳辐射、地形的陡缓等对降雨量的影响也很大。因此，山洪易发区降雨量观测点布置应该考虑高程与降雨量的关系，根据本地区生活条件、设站目的、地形等条件确定，根据实际需要考虑降雨量观测布置测点数。

3. 降雨量观测仪器

降雨量主要采用雨量器或雨量计来观测。我国使用的观测降雨量的仪器有雨量器、虹吸式雨量计和翻斗式雨量计，目前普遍使用的是翻斗式雨量计，其承雨器口内径为200 mm，允许误差为0 ~ 0.6 mm。承雨器口呈内直外斜的刀刃形，刃口锐角为40° ~ 45° 。

翻斗式雨量计结构简单、性能可靠，可把降雨量转换成电信号，便于自动采集数据，已广泛应用于水文自动测报系统和雨量固态存储系统等自动化采集系统中。

（二）水位监测

水位监测分为水库水位和河道控制断面水位监测。

1. 测站设置

水位站的站址选择应满足监测的目的和观测精度的要求，水位观测断面宜选在岸坡稳定、水位具有代表性的地点。水位观测的水准基面应与水工建筑物的水准基面一致。

（1）上游（水库）水位观测站

水位观测站应设在水面平稳、受风浪和泄流影响较小、便于安装设备和观测的地点。一般设置在岸坡稳固处或永久性建筑物上，能代表坝前平稳水位的地点。

（2）河道控制断面水位观测站

河道控制断面水位观测站应与测流断面统一布置，一般选择在水流平顺、受泄流影响较小、便于安装设备和观测的地点。

2. 观测方法

根据水位测点的地形、水流条件等，水位观测一般可采用水尺、浮子式水位计、压力式水位计和雷达式水位计等方式。

### （三）流量监测

1. 观测布置

流量观测断面应选择断面稳定、水流顺直的河段，必要时还应对测流断面进行人工处理，如修直河道、建设宽顶堰等。

2. 观测方法

（1）转子式流速仪法

转子式流速仪是水文测验中使用最广泛的常规测量仪器。转子式流速仪由旋转、发讯、身架、尾翼和悬挂等部件组成。转子式流速仪是根据水流对转子的动量传递进行工作的，将水流直线运动能量通过转子转换成转矩。在一定的流速范围内，流速仪转子的转速与水流速度呈近似的线性关系。

（2）量水建筑物测流法

量水建筑物测流法的测验河段应选择顺直平缓河段，水流处于缓流状态，顺直河段长度一般应不小于过水断面总宽的3倍，当堰闸宽度小于5 m时，顺直河段长度应不小于最大水头的5倍。行进槽段内应水流平顺，河槽断面规则，断面内流速分布对称均匀，河床和岸边无乱石、土堆、水草等阻水物。当天然河道达不到以上要求时，必须进行人工整治使其符合量水建筑物测流的水力条件，并应避开陡峻、水流湍急的河段。

水尺高程设置及高程测量，应按照国家标准《水位观测标准》（GB/T 50138—2010）和有关水文测量现行规范的规定执行。应根据现场率定和同类型综合的流量系数推求流量，建立水位—流量关系曲线。

## 三、边坡表面变形监测

常见的边坡变形破坏主要有松弛张裂、蠕动变形、崩塌、滑坡等主要类型，除此之外边坡的塌滑、错落、倾倒等也时有发生。在边坡的破坏形式中，滑坡是分布最广、危害最大的一种。滑坡是指边坡土体在重力作用下沿贯通的剪切破坏面发生滑动破坏的现象，它在坚硬或松软岩层、陡倾或缓倾岩层以及陡坡或缓坡地形中均可发生。

水库大坝边坡的滑坡破坏会使边坡表面和内部均出现变形。变形监测是了解水库大坝边坡变形形态，发现异常征兆的重要手段。变形监测主要包括边坡表面变形、内部变形。在传统监测仪器的基础上，近年来还出现了大量应用新技术、新方法的边坡变形监测手段。

### (一) 表面变形监测的基本要求

① 变形监测用的平面坐标及水准高程应与设计、施工和运行等阶段的控制网坐标系统相一致。

② 表面竖向位移及水平位移观测一般应共用一个测点，深层竖向及水平位移观测应尽量与表面位移结合布置，并应配合进行观测。

③ 建筑物上各类测点应和建筑物牢固结合，能够代表建筑物变形，测点应有可靠的保护装置。

④ 观测基点应设在稳定区域内，应埋设在新鲜或微风化基岩上，保证基点稳固可靠，基点应有可靠的保护装置。

⑤ 变形观测的正负号应遵守以下规定。

A. 水平位移。向下游为正，向左岸为正，反之为负；岸坡向河床变形为正，向两岸变形为负。

B. 竖向位移。向下为正，向上为负。

C. 裂缝和接缝三向位移。对开合，张开为正，闭合为负；对滑移，向坡下为正，向左为正，反之为负。

D. 倾斜。向下游转动为正，向左岸转动为正，反之为负。

⑥ 观测次数应满足《土石坝安全监测技术规范》(SL 551—2012) 的规定。

### (二) 变形测点的布置

为了解水库大坝边坡不同时期的稳定和安全，应对其进行表面变形监测，以掌握它的变形规律，研究有无裂缝、滑坡、滑动和倾覆等趋势。表面变形包括竖向方向和水平方向。水平方向通常按照边坡土体下滑力作用方向，分为顺滑移方向和垂直滑移方向。

1. 土石坝表面变形监测设计

(1) 观测纵断面

土石坝表面变形监测的观测纵断面一般不少于4个，通常在上游坝坡正常蓄水位以上布设1个 (一般在正常蓄水位以上 1 m 处)，坝顶布设1个 (一般布置在下游坝肩，切不可布置在防浪墙上)，下游坝坡半坝高以上布设1～3个，半坝高以下布设1～2个 (含坡脚1个)。对于软基上的土石坝，还应在下游坝趾外侧增设1～2个，其具体位置应根据坝坡抗滑稳定计算的结果确定。

(2) 观测横断面

土石坝表面变形监测的观测横断面一般布置在最大坝高处、原河床处、合龙段、地形突变处、地质条件复杂处、坝内埋管或水库运行时可能发生异常处。

坝长小于300 m时，观测横断面的间距宜为20～50 m，坝长大于300 m时，观测横断面的间距宜为50～100 m，一般观测横断面应不少于3个。对"V"形河谷中的高坝和两坝端，以及坝基地形变化陡峻坝段，应适当加密。

(3) 观测点

每个观测横断面和纵断面交点处应布设表面变形观测点。

(4) 工作基点和校核基点

工作基点应在每一纵排测点两端岸坡的延长线上布设，其高程宜与测点高程相近。

采用视准线法进行横向水平位移观测时，应在两岸每一纵排测点的延长线上各布设一个工作基点。当坝轴线为折线或坝长超过500 m时，可在坝身每一纵排测点中增设工作基点(可用测点代替)，工作基点的距离保持在250 m左右。当坝长超过1000 m时，一般可用三角网法观测增设工作基点的水平位移，有条件的，宜用测边网法、测边测角网法或倒锤线法进行观测。

水准基点一般在土石坝下游1～3 km处布设2～3个。

采用视准线法观测的校核基点，应在两岸同排工作基点连线的延长线上各设1～2个。

2. 近坝区岩体及滑坡体变形监测设计

(1) 近坝区岩体观测点

在两岸坝肩附近的近坝区山体垂直于坝轴线方向各布设1～2个观测横断面，每个横断面上布设3～4个观测点，一般坝轴线或上游1个，下游2～3个。

(2) 滑坡体观测点

在滑坡体顺滑移方向布设1～3个观测断面，每个观测断面上布设不少于3个观测点，一般布设在滑坡体后缘至正常蓄水位之间。

(3) 工作基点和校核基点

工作基点和校核基点可设在观测点附近的稳定岩体上。

### (三) 水平位移监测

边坡变形中水平位移监测可采用交会法、精密全站仪坐标法、视准线法、GPS测量和多摄站摄影测量方法等，应根据边坡形体和其他外在环境条件合理选择观测方法。

对于大坝边坡水平位移监测，目前多采用视准线法、引张线法等方法。采用视准线法进行观测和数据计算更为简便，但较易受外界环境的影响。如果当视线距离不长，通常在500 m内时，其观测精度相对较高，比较适用于观测。引张线法的仪器和观测设施简单，埋设安装较为方便，能观测不同高程位置的边坡水平位移变化，同时受外界因素影响较小，精度高、速度快，可重复进行，可通过遥测、自记和数字显示等方法获取数据。激光准直观测法的方向性较强，观测精度也相对较高，缺点是随着准直距离的增大，光斑直径扩大，当准直距离达500 m时，光强减弱，受大气抖动等因素影响而发生漂移，导致观测精度降低。

对于边坡的水平位移可根据边坡情况采用适宜的方法观测，也可将前述的多种方法有机地结合使用。

1. 视准线法

视准线法用于水平位移及高差的观测，即以边坡远端基岩作为不动点，以工作基点的连线为基准，测边坡在外界荷载作用下位移标点的水平位移。特点是操作简便，成果可靠，费用低廉。在连线转折处需布设非固定工作基点，观测时分别测定标点偏离非固定工作基点以及非固定工作基点偏离两岸固定基点的位置变化，然后求得各标点的水平位移量，这是目前常规的表面变形观测方法。可选用全站仪、水准仪、经纬仪进行观测，获取水平角、垂直角、距离（斜距、平距）、高差等观测信息。

视准线观测方法因其原理简单、方法实用、实施简便、投资较少的特点，在水平位移观测中得到广泛应用，并且派生出了多种多样的观测方法，如分段视准线、终点设站视准线法等。视准线观测法受外界条件影响较大，对较长的视准线而言，由于视线长，照准误差增大，甚至照准困难，因而精度低，不易实现自动观测。而且这种方法要求变形值（位移标点的位移量）不能超出该系统的最大偏距值，否则无法进行观测，所以此方法要求地形适合以下条件。

① 滑坡两侧都适合布置监测网点。

② 监测网点之间要互相通视。

③ 从监测网点能观测到视准线上所有的测点。

2. 交会法

交会法是根据坐标已知的点测定待定点平面位置的一种方法，根据不同使用条件分为联合交会法、边交会法、角前方交会法。

### （四）垂直位移监测

垂直（沉降）位移是大坝变形监测中的主要项目之一。大坝在外界因素作用下，沿铅直方向产生位移，坝体沿某一铅直线（垂直）或水平面还会产生转动变形。为掌握大坝及基础变形情况，对于一般中小型水库的大坝，垂直（沉降）位移是变形监测的必测项目。

垂直（沉降）位移监测方法有精密水准法、静力水准法和三角高程法。在基础垂直（沉降）位移监测中，多采用多点基岩变位计测量基础内部沿铅直向的位移。深层位移监测可采用钻孔测斜、多点位移计方法。地表裂缝监测可采用巡视检查、测距高程导线方法。

1. 精密水准观测

精密水准测量直观性好，精度高，适合于较平坦的地区。当比高较大时，设站很多，工作量大。当滑坡体的横断面沿等高线走向，比高不大时，精密水准测量的测线采取沿横断面布置较为合适。

2. 测距高程导线法

测距高程导线法是测定两点之间的距离以及高度角，以计算两点之间高差的方法。该方法的优点是可以直接确定相互通视的两点高差。其缺点是要求仪器精度高、观测人员素质好。规模大、沿滑动方向窄长且比高大、沿横断面的两端布置水准点困难的边坡和滑坡宜采用测距高程导线法。采用这种方法时，通常以高程工作基点为基准，采用附合、闭合和支线等组成测线。为保证精度，应尽量使相邻两点间的比高小、距离短。

### （五）表面倾斜监测

表面倾斜监测可采用表面倾斜仪，即倾角计。对岩石坚硬完整的人工边坡可选用灵敏度高、量程小的倾角计，对岩石破碎、软弱的人工边坡或天然滑坡可采用灵敏度较低但量程大的倾角计。

## 四、内部变形监测

### （一）内部变形监测基本要求

水库大坝边坡内部变形监测主要内容是裂缝监测及深层岩土体的位移监测。深层岩土体位移包括垂直（沉降）位移和分层水平位移。垂直（沉降）位移是指人工填筑边坡的固结和沉降；分层水平位移是指边坡垂直坝轴线方向或平行坝轴线方向的位移，以及在水压力作用下不同层面的水平位移，或由于边坡岩土体抗剪强度低而产生的侧向位移。

1. 分层竖向位移监测

断面应布置在最大横断面及其他特征断面（主河槽、合龙段、地质及地形复杂段、结构及施工薄弱段等）上，一般可设 1 ~ 3 个断面。每个监测断面上可布设 1 ~ 3

条观测垂线，其中一条宜布设在坝轴线附近。监测垂线的布置应尽量形成纵向观测断面。

2. 分层水平位移监测

布置与分层竖向位移监测相同。监测断面可布置在最大断面及两坝端受拉区，一般可设 1 ~ 3 个断面。监测垂线一般布设在坝轴线或坝肩附近，或其他需要测定的部位。测点的间距，对于活动式测斜仪为 0.5m 或 1.0 m ；对于固定式测斜仪，可参考分层竖向位移监测点间距，并宜结合布设。

3. 接缝或交界面位移监测

该监测通常布设在水库大坝坝体与岸坡连接处、防渗体和坝壳料交界处、不同土石边坡型体交界处、土石与混凝土建筑物连接处，用于监测界面上两种材料相对的错动、抬升和张开变化。

### （二）内部水平位移监测

1. 测斜仪

测斜仪广泛应用于测量土石坝、面板坝、边坡、土基、岩体滑坡等结构物的内部水平位移，该仪器配合测斜管可反复使用。测斜仪由倾斜传感器、测杆、导向定位轮、信号传输电缆和测读显示部分等组成，它是用于测量水平向测斜管轴线垂直位移的高精度仪器。

测斜仪又有活动式和固定式两种。活动式测斜仪用同一个探头在测斜管内移动，固定间隔地分段测出各段处发生位移后的测斜管轴线与初始状态的夹角，求出该段的位移，累计得出位移量及沿管轴线整个孔深位移的变化情况。它的特点是一套测斜仪可供多个测孔使用，使用成本较低，但要人工操作，无法实现自动化，且劳动强度也较大。

固定式测斜仪是把测斜仪固定在测斜管某个位置上，来测量该位置夹角的变化，进而求出该位置的位移，若要得到测斜管轴线上多个位置上连续的位移，则要在测斜管中安装多个测头。它的特点是测头要固定在测孔内，一个测头只能测一个点，使用成本较高，但可以实现连续、实时的自动化监测，项目完成后可以回收。

2. 钢丝水平位移计

钢丝水平位移计适用于土石坝、土堤、边坡等土体内部的位移观测，是了解被测物体稳定性的有效监测设备。钢丝水平位移计可单独安装，亦可与水管式沉降仪联合安装进行观测。

钢丝水平位移计由锚固板、铟合金钢丝、保护钢管、伸缩接头、测量架、配重机构、读数游标卡尺等组成。被测结构物发生水平位移时将会带动锚固板移动，通过固定在锚固板上的钢丝卡头传递给钢丝，钢丝再带动读数游标卡尺上的游标，用目测方式将位移数据读出。测点的位移量等于实时测量值与初始值之差，再加上观测房内固定标点的相对位移量。观测房内固定标点的位移量由视准线测出。

### （三）内部垂直位移监测

#### 1. 水管式沉降仪

水管式沉降仪应用于长期观测土石坝、土堤、边坡等土体内部的沉降，是了解被测物体稳定性的有效监测设备。它是利用液体在连通管内的两端处于同一水平面的原理而制成的，在观测房内所测得的液面高程即为沉降测头内溢流口液面的高程，可用目测的方式在玻璃管刻度上直接读出，也可自动读出。被测点的沉降量等于实时测量高程读数相对于基准高程读数的变化量，再加上观测房内固定标点的沉降量即为被测点的最终沉降量。观测房内固定标点的沉降量由视准线测出。

#### 2. 振弦式沉降仪

振弦式沉降仪可自动测量不同点之间的沉降，它由储液罐、通液管和传感器组成。储液罐放置在固定的基准点并用两根充满液体的通液管把它们连接在沉降测点的传感器上，传感器通过通液管感应液体的压力，并换算为液柱的高度，由此可以实现在储液罐和传感器之间测量出不同高程任意测点的高度。通常可以用它来测量堤坝、公路填土及相关建筑物的内外部沉降。

#### 3. 连杆式分层沉降仪

连杆式分层沉降仪是在坝体内埋设沉降管，在沉降管不同高程处设置沉降盘，沉降盘随坝体的沉降而移动，可采用电磁式、干簧管式测量仪表来测量沉降盘的高程变化，从而得到坝体的分层沉降值。沉降管随坝体填筑埋设时，可采用坑式埋设法和非坑式埋设法。对于软基及已建水坠坝，可采用带叉簧片的沉降环，用钻孔法埋设。

#### 4. 垂直测斜仪

测斜仪分垂直测斜仪和水平测斜仪两种。垂直测斜仪是通过测量垂直向测斜管轴线与铅垂线之间夹角变化量，监测土、岩石和建筑物内部滑动的位置和位移方向及位移量。

### （四）锤线监测

正倒锤线一般用于大型人工边坡运行期的锤线监测，布置在地质条件差或边坡高度大的部位的马道上。使用时，宜开挖专门的竖井，以避免和其他竖井（如电梯井）共用而相互干扰，且正倒锤线互相配合、互相验证。或在倒锤线旁布置正锤线，或在各监测断面相邻马道间布置正锤线，利用连续锤线监测边坡的水平位移。正倒锤线可与进行深部位移监测的钻孔倾斜仪和多点位移计的监测相互配合、印证。

(五) 面板变形监测

混凝土面板变形监测可采用斜坡测斜仪或水管式沉降仪。水管式沉降仪测头采用坑式埋设法埋设在面板之下的垫层中。斜坡测斜仪由测斜传感器和测斜管组成，测斜管道宜采用铝合金管。在安装测斜管道时一般将管道直接安设在面板表面，并将其下端固定于趾板上。在寒冷地区也可将管道设于面板之下，但在浇筑面板时应严加保护。

(六) 边坡裂缝监测

裂缝包括断层、裂隙、层面的裂缝监测，其监测包括裂缝的张开、闭合和朗切、位错等，一般用于施工期。对于重大的裂缝断层，运行期也应继续监测，此类裂缝的观测一般使用多点位移计等进行测量。

对已建坝的表面裂缝 (非干缩、冰冻缝)，凡缝宽大于 5 mm、缝长大于 5 mm、缝深大于 2 m 的纵、横向缝，都必须进行监测。混凝土面板堆石坝接缝观测点一般应布设在正常高水位以下。周边缝的测点布置，一般在最大坝高处布置 1 ~ 2 个点，在两岸坡大约 1/3、1/2 及 2/3 坝高处各布置 2 ~ 3 个点，在岸坡较陡、坡度突变及地质条件差的部位应酌情增加。受拉面板的接缝也应布设测缝计，高程分布与周边缝相同，且宜与周边缝测点组成纵横观测线。

接缝位移观测点的布置，还应与坝体垂直 (沉降) 位移、水平位移及面板中的应力应变观测结合进行，便于综合分析和相互验证。

土石坝表面裂缝，可在缝面两侧埋设简易测点 (桩)，采用皮尺、钢尺等简单工具进行测量。对深层裂缝，当缝深不超过 20 ~ 25 m 时，宜采用探坑、竖井或配合物等方法检查，必要时也可埋设测缝计 (位移计) 进行监测。

测缝计适用于长期埋设在水工建筑物或其他混凝土建筑物内或表面，测量结构物伸缩缝或周边缝的开合度 (变形)。加装配套附件可组成基岩变位计、表面裂缝计等测量变形的仪器。

测缝计由前后端座、保护筒、信号传输电缆、传感器等组成。当结构物发生变形时，通过前、后端座传递给传感器使测缝计产生位移变化，变化信号经电缆传输至读数装置，即可测出被测结构物的变形量。

## 五、渗流监测

为了确定水库大坝边坡在受地下水位、降雨等影响下是否稳定和安全，以便采取正确的运行方式或进行必要的处理和加固保证工程安全，水库大坝边坡渗流监测项目主要包括坡体浸润线、渗流压力、渗流量及渗流水质等。

### (一) 渗流监测一般要求

① 各项渗流监测应配合进行，并应同时监测邻水面水位。

② 浸润线和渗流压力可采用测压管或埋入式渗压计进行观测。

③ 采用渗压计测量渗流压力时，其精度不得低于满量程的5/1000。

④ 渗流量的观测可采用量水堰或体积法。当采用水尺法测量堰顶水头时，水尺精度应不低于1 mm；采用水位测针或量水堰计量测堰顶水头时，精度应不低于0.1 mm。

### (二) 渗流监测设计及设施安装

坡体渗流压力观测包括边坡内部和基础。

1. 坡体渗流压力观测设计

① 观测横断面宜选在边坡最大断面处、结合段、地形或地质条件复杂坝段，与变形观测断面相结合。

② 观测横断面上的测点应根据水库大坝边坡结构、断面大小和渗流场特征布置，一般位置是坡顶、坡中部和坡脚缘各1条，有防渗体的，防渗体前后需布置。

③ 观测铅直线上的测点，应根据需要监测的范围、渗流场特征，并考虑能通过流网分析确定浸润线位置，沿不同高程布置。一般原则是：在强透水料区，每条铅直线上可只设1个观测点，高程应在预计最低浸润线之下；在渗流进、出口段，渗流各向异性明显的土层中，以及浸润线变幅较大处，应根据预计浸润线的最大变幅，沿不同高程布设测点，每条铅直线上的测点数一般不少于2个。

2. 坝体渗流压力观测设施安装

观测坝体渗流压力，应根据不同的观测目的、土体透水性、渗流场特征以及埋设条件等，选用测压管或渗压计。

(1) 测压管及其安装

测压管宜采用镀锌钢管或硬塑料管，内径采用50 mm。测压管由透水段和导管组成，其透水段一般长1 ~ 2 m，当用于点压力观测时应小于0.5 m。测压管面积开孔率10% ~ 20% (孔眼形状不限，但须排列均匀、内壁无毛刺)，外部包扎能防止土颗粒进入的无纺土工织物，管底封闭，不留沉淀管段，透水段与孔壁之间用反滤料填满。测压管埋设前，应对钻孔深度、孔底高程、孔内水位、有无塌孔以及测压管加工质量、各管段长度、接头、管帽情况等进行全面检查并做好记录。测压管封孔完成后，应向孔内注水进行灵敏度试验，合格后方可使用。

在从造孔开始至灵敏度检验合格终止的全过程中，应随时记录和描述有关情况及数据，必要时需取样进行干密度、级配和渗透等试验。竣工时需提交完整的测压管钻孔柱状图和考证表，并妥善存档保管。

(2) 渗压计及其安装

坝体内埋设渗压计有两种方法：一种是随坝体的填筑直接埋设，另一种是钻孔埋设。渗压计埋设前，应取下仪器端部的透水石，在钢膜片上涂一层黄油或凡士林以防生锈(但要避免堵孔)。渗压计安装前需在水中浸泡 24 h 以上，使其达到饱和状态，测读其零压状态下的读数。

① 在坝体中埋设渗压计方法。清理好渗压计埋设点处的基础面后，开挖埋设坑，坑底尺寸为 15 cm × 40 cm，深度为 40 cm。将坑底部先铺 10 ~ 15 cm 干净的中粗砂，并注水饱和，测头埋入后，周围回填中粗砂，注水饱和，并小心用人工击实。中粗砂以上可填筑坝体土料，坑深高度以内用人工分层夯实，其压实密度和含水量同坝体填土。在反滤层粗砂和砂砾料排水带中，以及河槽砂卵石坝基表面埋设渗压计方法基本同上，依反滤关系，渗压计周围亦可用粗砂填筑。

② 钻孔中埋设渗压计方法。在埋设点位置垂直钻孔至预定深度以下 50 cm，孔径 110 mm。安装渗压计的钻孔均不得有泥浆钻进。成孔后，在孔底用干净的细砂回填至渗压计端头以下 15 cm。将渗压计封装在饱水的透水沙袋中，放入钻孔内预定深度，用干净的砂回填至测头以上 30 cm，记录埋设高程并确定仪器正常后，上部用膨胀泥球回填封孔。

3. 坝基渗流压力观测设计

坝基渗流压力观测，包括坝基天然岩土层、人工防渗和排水设施等关键部位渗流压力分布情况的观测。观测横断面的选择，主要取决于地层结构、地质构造情况，断面数一般不少于 3 个，并宜顺流线方向布置或与坝体渗流压力观测断面相重合。观测横断面上的测点布置应根据建筑物地下轮廓形状、坝基地质条件以及防渗和排水型式等确定，一般每个断面上的测点不少于 3 个。

4. 坝基渗流压力观测设施安装

坝基渗流压力观测设施及其安装与坝体渗流观测基本相同。但当接触面处的测点选用测压管时，其透水段和回填反滤料的长度宜小于 0.5 m。

### （三）渗流量监测

1. 渗流量观测布置

坡脚有渗出水时，一般在坝脚下游能汇集的地方设置集水沟，在集水沟的出口处布置量水堰，如集水沟后接有排水沟，量水堰也可设置在排水沟内。这种布置观测得到的渗流量是出逸总水量，还有一部分渗流是从基础内向下游渗出的水量（潜流），但由于地下潜流的渗流坡降随水库水位的变化不大，因而可以将潜流流量视为常数，观测渗流量加潜流流量即为总渗流量。

2. 渗流量观测方法

根据渗流量的大小和汇集条件，渗流量一般可采用容积法、量水堰法或流速法进行观测。

容积法适用于渗流量小于 1 L/s 的情况，量水堰法适用于渗流量为 1 ~ 300 L/s 的情况。量水堰可采用三角堰、梯形堰或矩形堰。流速法适用于渗水能引到具有比较规则的平直排水沟内的情况。

# 参考文献

[1] 陈功磊，张蕾，王善慈 . 水利工程运行安全管理 [M]. 长春：吉林科学技术出版社，2022.

[2] 王增平 . 水利水电设计与实践研究 [M]. 北京：北京工业大学出版社，2022.

[3] 赵长清 . 现代水利施工与项目管理 [M]. 汕头：汕头大学出版社，2022.

[4] 张晓涛，高国芳，陈道宇 . 水利工程与施工管理应用实践 [M]. 长春：吉林科学技术出版社，2022.

[5] 刘圣桥 . 水利工程项目档案规范管理实务 [M]. 济南：山东科学技术出版社，2022.

[6] 褚峰，刘罡，傅正 . 水文与水利工程运行管理研究 [M]. 长春：吉林科学技术出版社，2022.

[7] 朱卫东，刘晓芳，孙塘根 . 水利工程施工与管理 [M]. 武汉：华中科技大学出版社，2022.

[8] 常宏伟，王德利，袁云 . 水利工程管理现代化及发展战略 [M]. 长春：吉林科学技术出版社，2022.

[9] 潘晓坤，宋辉，于鹏坤 . 水利工程管理与水资源建设 [M]. 长春：吉林人民出版社，2022.

[10] 丁亮，谢琳琳，卢超 . 水利工程建设与施工技术 [M]. 长春：吉林科学技术出版社，2022.

[11] 宋宏鹏，陈庆峰，崔新栋 . 水利工程项目施工技术 [M]. 长春：吉林科学技术出版社，2022.

[12] 赵黎霞，许晓春，黄辉 . 水利工程与施工管理研究 [M]. 长春：吉林科学技术出版社，2022.

[13] 李战会 . 水利工程经济与规划研究 [M]. 长春：吉林科学技术出版社，2022.

[14] 白洪鸣，王彦奇，何贤武 . 水利工程管理与节水灌溉 [M]. 北京：中国石化出版社，2022.

[15] 袁洁，李华春，朱立柱 . 水利工程质量与安全监督探索 [M]. 长春：吉林科学技术出版社，2022.

[16] 田茂志，周红霞，于树霞 . 水利工程施工技术与管理研究 [M]. 长春：吉林科学技术出版社，2022.
[17] 杨念江，朱东新，叶留根 . 水利工程生态环境效应研究 [M]. 长春：吉林科学技术出版社，2022.
[18] 庞进武，高占义，于理扬 . 水利发展战略规划理论应用与实践 [M]. 北京：中国水利水电出版社，2022.
[19] 沈英朋，杨喜顺，孙燕飞 . 水文与水利水电工程的规划研究 [M]. 长春：吉林科学技术出版社，2022.
[20] 王建海，孟延奎，姬广旭 . 水利工程施工现场管理与 BIM 应用 [M]. 郑州：黄河水利出版社，2022.
[21] 魏永强 . 现代水利工程项目管理 [M]. 长春：吉林科学技术出版社，2021.
[22] 张长忠，邓会杰，李强 . 水利工程建设与水利工程管理研究 [M]. 长春：吉林科学技术出版社，2021.
[23] 夏祖伟，王俊，油俊巧 . 水利工程设计 [M]. 长春：吉林科学技术出版社，2021.
[24] 廖昌果 . 水利工程建设与施工优化 [M]. 长春：吉林科学技术出版社，2021.
[25] 董永立 . 城市生态水利规划研究 [M]. 长春：吉林科学技术出版社，2021.
[26] 赵静，盖海英，杨琳 . 水利工程施工与生态环境 [M]. 长春：吉林科学技术出版社，2021.
[27] 宋秋英，李永敏，胡玉海 . 水文与水利工程规划建设及运行管理研究 [M]. 长春：吉林科学技术出版社，2021.
[28] 吴淑霞，史亚红，李朝琳 . 水利水电工程与水资源保护 [M]. 长春：吉林科学技术出版社，2021.
[29] 张燕明 . 水利工程施工与安全管理研究 [M]. 长春：吉林科学技术出版社，2021.
[30] 谢金忠，郑星，刘桂莲 . 水利工程施工与水环境监督治理 [M]. 汕头：汕头大学出版社，2021.
[31] 曹刚，刘应雷，刘斌 . 现代水利工程施工与管理研究 [M]. 长春：吉林科学技术出版社，2021.
[32] 李登峰，李尚迪，张中印 . 水利水电施工与水资源利用 [M]. 长春：吉林科学技术出版社，2021.
[33] 贺志贞，黄建明 . 水利工程建设与项目管理新探 [M]. 长春：吉林科学技术出版社，2021.

[34] 葛英芳，朱勇 . 水利信息化基础与智慧水利建设研究 [M]. 北京：中国华侨出版社，2021.
[35] 栗欣如，姜文来 . 中国水利绿色发展研究 [M]. 北京：中国农业科学技术出版社，2021.
[36] 唐荣桂 . 水利工程运行系统安全 [M]. 镇江：江苏大学出版社，2020.
[37] 程令章，唐成方，杨林 . 水利水电工程规划及质量控制研究 [M]. 文化发展出版社，2020.
[38] 张子贤，王文芬 . 水利工程经济 [M]. 北京：中国水利水电出版社，2020.
[39] 唐涛 . 水利水电工程 [M]. 北京：中国建材工业出版社，2020.
[40] 严力蛟，蒋子杰 . 水利工程景观设计 [M]. 北京：中国轻工业出版社，2020.
[41] 贾志胜，姚洪林 . 水利工程建设项目管理 [M]. 长春：吉林科学技术出版社，2020.
[42] 闫文涛，张海东 . 水利水电工程施工与项目管理 [M]. 长春：吉林科学技术出版社，2020.
[43] 赵永前 . 水利工程施工质量控制与安全管理 [M]. 郑州：黄河水利出版社，2020.
[44] 林雪松，孙志强，付彦鹏 . 水利工程在水土保持技术中的应用 [M]. 郑州：黄河水利出版社，2020.
[45] 张永昌，谢虹 . 基于生态环境的水利工程施工与创新管理 [M]. 郑州：黄河水利出版社，2020.
[46] 贺芳丁，从容，孙晓明 . 水利工程设计与建设 [M]. 长春：吉林科学技术出版社，2020.
[47] 潘永胆，汤能见，杨艳 . 水利水电工程导论 [M]. 北京：中国水利水电出版社，2020.
[48] 张鹏 . 水利工程施工管理 [M]. 郑州：黄河水利出版社，2020.
[49] 崔永玲，刘丽 . 水利经济与水利工程管理 [M]. 沈阳：辽海出版社，2020.